ECETC | 电子商务从业人员培训考试认证项目指定教材

U0318162

SEO 搜索引擎优化
基础、案例与实战

杨韧 程鹏 姚亚锋◎主编
罗世璇 闫寒◎副主编

人民邮电出版社
北 京

图书在版编目（CIP）数据

SEO搜索引擎优化：基础、案例与实战 / 杨韧，程鹏，姚亚锋主编. -- 北京：人民邮电出版社，2016.8（2017.11重印）
ISBN 978-7-115-43007-6

Ⅰ．①S… Ⅱ．①杨… ②程… ③姚… Ⅲ．①搜索引擎 Ⅳ．①TP391.3

中国版本图书馆CIP数据核字(2016)第156883号

内 容 提 要

伴随着互联网行业的快速发展，互联网信息也出现爆炸式的增长。面对如此众多的信息，网民越来越依靠搜索引擎来寻找目标信息。与此同时，网站所有者也希望更多网民能够找到自己的网站，提高网站知名度，实现经济效益。搜索引擎优化——SEO 正如一座桥梁，连接着网站和网民，SEO 实战技术在当前也显得越来越重要。

本书对 SEO 基础知识和实战技术进行系统讲解，内容包括：SEO 的概念及发展，搜索引擎的基本知识，网站在进行优化时需要制订的规划，网站优化涉及的重要方面，网站优化和管理需要用到的工具，网站优化时的数据分析，移动终端 SEO 的概况等。

本书不仅内容全面，而且简单易懂、实战性强。本书既适合作为大中专院校、社会各类培训学校的教学用书，也适合网络营销、网站推广等相关从业人员学习和参考。

◆ 主　编　杨　韧　程　鹏　姚亚锋
　　副主编　罗世璇　闫　寒
　　责任编辑　刘　琦
　　执行编辑　朱海昀
　　责任印制　焦志炜

◆ 人民邮电出版社出版发行　　北京市丰台区成寿寺路 11 号
　　邮编　100164　电子邮件　315@ptpress.com.cn
　　网址　http://www.ptpress.com.cn
　　大厂聚鑫印刷有限责任公司印刷

◆ 开本：787×1092　1/16
　　印张：12.5　　　　　　　　　2016 年 8 月第 1 版
　　字数：287 千字　　　　　　　2017 年 11 月河北第 5 次印刷

定价：36.00 元

读者服务热线：(010)81055256　印装质量热线：(010)81055316
反盗版热线：(010)81055315

前言 —— FOREWORD ——

传播学中讲到，信息的匮乏和信息的泛滥都会导致社会信息交流的困难。互联网时代是信息大爆炸的时代，也是信息极度泛滥的时代。在这样的背景下，通过网上搜索引擎去获取信息成为网民上网的必要选择。然而随着社会的发展，信息量将会越来越大，搜索引擎的需求量也会日益增加。

在日常生活中，几乎没有网民上网不使用搜索引擎。网民使用搜索引擎的流程大致为：打开百度、搜狗等搜索引擎平台，输入想要获取的信息，浏览搜索引擎后展现的信息，看到相关的或者感兴趣的信息后点击链接，进入链接网站后浏览网站信息，最终获得信息；或者是进入网站后没有获取目标信息，退出后重新在展现的信息中搜寻，直到找到目标信息。有心的读者可能会问：为什么搜索不同的内容有时会出现不同的结果，有时也会出现相同的结果？在展现的结果中，信息是依据什么规则排列的？搜索相同的信息为什么有的排列靠前，有的排列靠后？这其中有个专业的术语叫作"搜索引擎优化"，即 SEO（Search Engine Optimization），这也是本书主要讲解的内容。

本书内容

本书共有 11 章，大致可以分成如下 4 个部分。

第一部分是第 1～3 章：主要介绍了 SEO 的概念及发展，并讲解网站搜索引擎的工作原理、方法、分类，以及当前主要的几个搜索引擎，最后讲解了进行网站 SEO 的过程。

第二部分是第 4～8 章：主要介绍了网站需要进行优化的内容。进行优化的主要内容涉及网站关键词、网站主体模型、网站结构、网站页面和网站链接。

第三部分是第 9～10 章：主要介绍了网站在进行优化时可能用到的工具，以及网站优化需要了解的数据，以及如何分析数据，并通过数据进行网站优化。第三部分是本书的重点部分。

第四部分是第 11 章：主要讲解了移动终端的 SEO，包括两个方面：移动搜索的发展，即网站的移动化；移动 APP 的优化。

本书特色

☑ **简单易懂**：本书对 SEO 基本原理进行简单明了地解析，知识点全面，且图文并茂，易于读者理解。

☑ **系统全面**：本书开篇从基础知识入手，随着内容的不断增加而层层深入，对涉及 SEO 的知识点、工具、案例进行了全面的解析。

FOREWORD

☑ **重视实践**：本书不仅在介绍知识点时配合具体的操作进行讲解，而且在每一个基本知识点介绍完后都安排了实战演练，帮助读者将所学的知识点快速应用到实践操作中。

本书由杨韧、程鹏、姚亚锋担任主编，罗世璇、闫寒担任副主编，参与编写的还有蔡金伟。由于编者水平有限，书中难免会存在疏漏之处，恳请广大读者批评指正。读者可登录 www.ryjiaoyu.com 获取相关教学资源，也可登录 www.epubhome.com 提出宝贵意见，或加入 QQ 群 227463225 与我们交流。

编者
2016 年 6 月

目录 —— CONTENTS

CONTENTS

目录 —— CONTENTS

CONTENTS

目录 —— CONTENTS

CONTENTS

目录 —— CONTENTS

01 第1章

SEO 概述

本章简介

为什么企业网站要进行 SEO？相关的数据调查显示，80%的用户把搜索引擎作为在互联网上获取信息的最主要的方式。企业的网站通过搜索引擎优化，使其排名更加靠前，这就意味着企业抢占了互联网流量的制高点。简而言之，企业网站 SEO 是推广方式中较廉价且较为有效、持久的方式。

本章将详细讲解 SEO 的基本知识，首先介绍 SEO 的基础知识，其次介绍适合学习 SEO 的群体，最后讲解 SEO 与 SEM 的区别。

学习目标

1. 熟悉 SEO 的定义，掌握 SEO 的常用术语，了解 SEO 的发展阶段；
2. 了解适合学习 SEO 的群体和对象；
3. 认识 SEM，区别 SEO 和 SEM，加深对 SEO 的理解。

1.1 认识 SEO

在互联网的信息爆炸时代，用户面对海量的信息无从选择，而搜索引擎成为用户检索信息、产品和服务的最佳方式。这也直接造成企业网站访问量的第一来源是搜索引擎。因此，搜索引擎优化成为企业网站推广的最重要的方式。

1.1.1 SEO 的定义

SEO（Search Engine Optimization）即搜索引擎优化。搜索引擎优化是按照搜索引擎的搜索规则对网站进行内部调整及站外优化，使网站满足搜索引擎的检索原则且对用户更友好，从而更加容易被搜索引擎收录，提升优先排序，并将精准的流量带到网站中，获取免费流量，产生直接营销行为或者是品牌推广。

图 1-1 所示是网站 SEO 流程，从关键词分析到网站主题模型，从网站结构到网站页面，从网站链接到数据监测分析，整个流程涵盖了网站 SEO 的各个方面，以帮助站长全方位分析和管理网站。

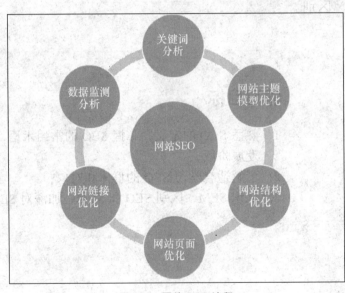

图 1-1 网站 SEO 流程

网站站长遵循搜索引擎的搜索机制，使网站形成更加全方位的生态式营销推广方案，充分挖掘网站的最大潜力使其在搜索引擎中具有较强的排名竞争优势，进而让网站在行业内处于领先地位。

此外，从企业的盈利角度来分析，相比于传统的营销推广模式，网站经过 SEO 后能够带来更多精准的客户，缩减网站营销推广成本，进而提升网站的在线营销能力。

1.1.2 SEO 常用术语

网站进行 SEO 不仅是让网站获取比较靠前的排名，更重要的是让网站的每个页面都能够获取流量，产生成交转化的行为。这就需要网站站长从细节出发。而对于一部分新手站长来说，要做好细节，首先要掌握与 SEO 相关的专业术语。接下来将介绍 SEO 的常用专业术语。

1. 网络爬虫（Spider）

网络爬虫是一种按照一定的规则自动抓取万维网信息的程序或者脚本。网页的抓取策略可以分为深度优先、广度优先和最佳优先。图 1-2 所示是网络爬虫抓取网页的路径。

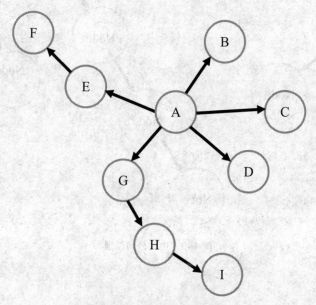

图 1-2　网络爬虫抓取路径

深度优先搜索策略是从起始网页开始，选择一个 URL 进入，分析该网页中的 URL，并选择一个进行，一个链接接着一个链接地抓取，直到处理完一条路线之后才处理下一条路线。以图 1-2 为例，其抓取路径为：A—B；A—C；A—D；A—G—H—I；A—E—F。

广度优先搜索策略是指爬虫在抓取过程中需要完成当前层次的搜索后，才进行下一层次的搜索。以图 1-2 为例，其抓取路径为：A—B—C—D—E—G；F—H；I。

最佳优先搜索策略是按照一定的网页分析算法，预测候选 URL 与目标网页的相似度或与主题的相关性，并选择评价最高的网页进行抓取。以图 1-2 为例，如果 B 网页的相似度最高，其次是 F 网页，最后是 G 网页，那么网络爬虫首先抓取 B 网页。

2. 中文分词（Chinese Word Segmentation）

中文分词是指将中间没有空格的、连续的中文字符分割成一个一个单独的、有意义的单词。

中文分词是中文搜索引擎特有的过程，因为在英文、拉丁文中，词与词之间用空格自然区隔，没有分词的必要，但是中文只有字、句和段能通过明显的分界符来简单划界，单独词没有形式上的分界符。因此，搜索引擎在提取、索引关键词及用户输入了关键词之后，都需要先进行分词。其具体工作原理如图1-3所示。

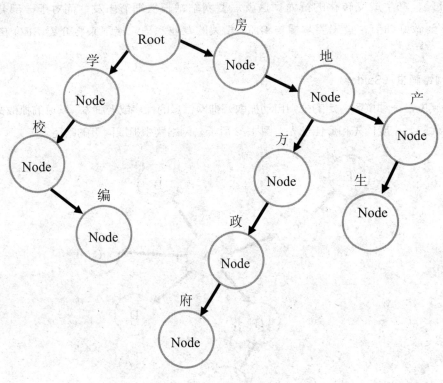

图1-3　中文分词原理

3. 索引（Index）

索引是指蜘蛛爬虫在储存互联网上每个关键词以及对应网页的位置，搜索的实质是对数据库表中一列或多列的值进行排序的一种结构，使用搜索可以快速访问数据库表中的特定信息。

4. 蜘蛛陷阱（Spider Trap）

蜘蛛陷阱是指由于网站内部结构的某种特征，使得搜索引擎蜘蛛陷入无限循环，甚至停止工作。最典型的蜘蛛陷阱就是在网站中设置万年历，让网络爬虫陷入无限循环中，影响爬虫的检索。如果消除这部分障碍，将使得爬虫收录更多的网页。

5. 锚文本（Anchor Text）

锚文本在反向链接中是指一个页面可点击的文本，是链接的一种形式，和超链接相似。图1-4所示是锚文本链接示意图。

对于搜索引擎来说，锚文本最主要的作用就是引导。合理地分布网站内的锚文本，可以让搜索引擎蜘蛛更迅速地爬行到网站目录；另外，合理的站内锚文本指向会使搜索引擎更加精准地识别网页内容描述的信息，从而提升关键词的排名，增加网站的权重。

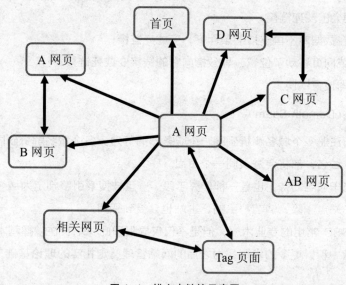

图 1-4　锚文本链接示意图

6．页面标签（Title Tag）

页面标签，顾名思义，是指一个页面的标题。这也是搜索引擎在执行搜索算法时最重要的一个参考标准。在理论上，网页的标题要具有创新性且包括了内容中的关键词，才可确保网页能够被收录。

7．元标签（Meta Tags）

元标签的功能和页面标题相似，主要是为搜索引擎提供更多关于网站内容的信息。元标签的信息包括了关键词和内容描述。元标签位于 HTML 代码的顶部，对访客不可见，具体范例如下。

```
<meta name="keywords" content="大数据营销" />
<meta name="description" content="泰国自助游攻略" />
```

8．死链接（Dead Link）

死链接指原来正常，后来失效的链接。死链接发送请求时，服务器返回 404 错误页面，如图 1-5 所示。

啊哦`````你访问的页面被删除或不存在哦
你可以返回上级页面或返回首页

图 1-5　404 错误页面

5

以下情况可能会出现死链接。

① 动态链接在数据库不再支持的条件下，变成死链接；

② 某个文件或网页移动了位置，导致指向它的链接变成死链接；

③ 网站服务器设置错误。

9．域名轰炸（Domain Spam）

域名轰炸是指注册多个域名解析到同一个服务器的行为。多个域名解析到同一个服务器中，无论用户访问哪个域名，都将会进入同一个页面。

域名轰炸相当于域名劫持，也是一种作弊手段。一旦被搜索引擎判定为域名轰炸，搜索引擎会直接将这部分子站点删除，情节严重的，主站也会受到惩罚。

以上所述是 SEO 常用的专业术语，但是不仅仅局限于此。站长在掌握基本术语的基础上还需要在日常的运营中积累更多的术语，为之后的网站管理奠定扎实的理论基础。

1.1.3　SEO 的发展阶段

SEO 并非凭空出现的技术，而是伴随着搜索引擎的发展诞生的。两者之间不能说是"矛与盾"的关系，但可以肯定的是，因为 SEO 技术的进步才使得搜索引擎更加完善。总体而言，SEO 的发展历程可以分为 4 个阶段，如图 1-6 所示。

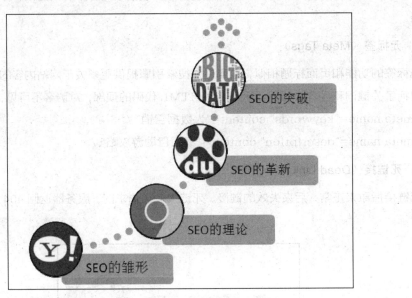

图 1-6　SEO 的发展阶段

1．第一阶段——雅虎与 SEO 的雏形

在 20 世纪 90 年代，用户对于搜索引擎的概念还很模糊，但是对于雅虎却形成了这样的意识：在雅虎上可以搜索到网站地址。因此，站长为了提升网站的流量，往往对网站进行优化，并向雅虎提交地址；通常情况下，72 小时内就能够出现在雅虎的目录上。

雅虎对所有的网站进行人工归类，主要是按照英文字母的顺序排列网站，以"A"开头的网站排名第一，依次是以"B""C""D"开头的网站。

例如，American Air Compressor Company（美国空气压缩机公司）的排名不仅在 Bank of American（美国银行）之前，也在 American Basketball Association（美国篮球协会）之前。

2．第二阶段——谷歌与 SEO 的理论

当 SEO 进入第二阶段，搜索引擎为了防止垃圾网站泛滥，开始限制站长提交的网站地址。站长也逐渐意识到破解搜索引擎的原理越来越难，于是开始更多地关注链接流行度（Link Popularity）、名录网站链接（Directory Listing）等数据指标。

在 1998 年，谷歌正式命名为 Google，域名从 google.stanford.edu 变成 google.com。这个新的搜索引擎首次将链接流行度作为排名的标准之一。

3．第三阶段——百度与 SEO 的革新

在 2000 年，李彦宏创立了中国人自己的搜索引擎——百度。百度结合了硅谷和北京的搜索引擎精英，使中文搜索与英文搜索站在了同一起跑线上；同时，百度搜索引擎解决了数据更新的瓶颈，整个中文网页的数据库最快可以每天更新一次。

4．第四阶段——大数据与 SEO 的突破

大数据之所以能够和网站 SEO 紧密结合，其原因主要在于通过大数据能够为网站的优化提供方向和思路，借助于大数据了解网站的相关用户点击热度数据、兴趣内容数据以及用户群体画像。

图 1-7 所示是关键词"婴幼儿奶粉"的人群属性，其中分别以"年龄分布"和"性别分布"两个维度对搜索关键词人群进行统计，透过关键词了解市场的实际需求，再有目的性地优化网站。

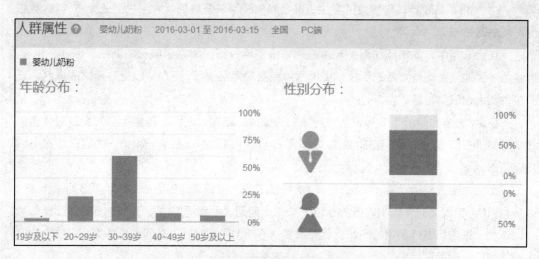

图 1-7　百度指数统计的人群属性

在不同的发展阶段，SEO 所表现出的用户需求状态也不同，而"以用户体验为核心"的理念始终贯穿着整个发展历程。因此，网站优化要不断提升用户体验认识，站在用户的立场考虑网站定位，在网站界面预设符合用户的浏览习惯和操作习惯，提升网站页面的友好度，增加用户对网站的黏性。

1.2　什么人适合学习 SEO

一谈到 SEO，很多人都认为很神秘、隐晦、深奥。要想学习 SEO，更是无从入门，实则不然。SEO 的实质是一门技术，并且是可以应用于各行各业的优化技术。那么，究竟什么人适合学习 SEO 呢？

1. 创业者把握风口

"站在台风口，就是一头猪也能飞起来。"这是小米科技创始人雷军在中国企业领袖年会上做主题演讲时最早提出的一个比喻。雷军用了短短两年的时间带领创业团队创造了智能手机界的又一神话，小米手机成功打入了中国智能机市场。

雷军为何会取得如此大的成功？用他自己的话来说就是遇到了"台风口"，而所谓的台风口就是发展的机遇。

在"流量为王"的今天，综观互联网的流量入口，主要分布在搜索引擎、电子商务平台、社交网络平台和垂直门户网站。因此创业者要把握风口，学习 SEO 技术，并且运用到实际的网站操作中，提升网站的排名，为网站带来更加精准的流量，扩大网站品牌的知名度。

案例在线

小 A 是某高校计算机专业的学生，报名参加了学院开展的"大学生创业大赛"，参赛的项目是网站 SEO。

在近几年中，网络预约驾照非常热门，很多驾校纷纷建立了自己的网站。因此，小 A 联系了当地几家比较知名的驾校，提出愿意免费对网站进行 SEO，以提升网站的排名。驾校负责人也欣然同意。

小 A 充分利用所学的知识，对网站的关键词、结构、网页、链接等多方面进行优化，使网站排名取得了相当不错的成绩。如图 1-8 所示，首页中排名第一和第三的网站就是小 A 运营的。

创业大赛的成功经验，激发了小 A 继续在 SEO 领域深造的信心。他学习 301 重定向，编写 404 错误代码，优化内链与外链……在此期间，他和同学成立了一个 SEO 团队，帮助本地一家论坛进行定期的网站优化和维护，不断地积累经验。在网站维护期间，该论坛把同类论坛远远甩在后面。

图 1-8　网站优化的效果

　　临近毕业，小 A 已经是小有名气的 SEOer 了。直到有一天，小 A 接到某知名互联网企业 HR 的电话，邀请他参加企业的校招面试。小 A 经过深思熟虑后谢绝了 HR 的邀请，并决定和团队自主创业。

　　鉴于没有雄厚的资金支持，小 A 不敢贸然行事，最终决定和团队以"SEO 外包"的形式开启创业之路，即通过帮助网站进行维护和优化，按照实际的效果收费。创业形式灵活，团队分工协作能力强，SEO 效果显著，他们很快就筹集到创业的第一桶金。

2. 管理者提升能力

　　企业管理者如果只掌握企业管理方面知识的话，就会出现这样很尴尬的局面：当 SEO 专员在汇报工作时，管理者完全不知所云，各类专业术语听得云里雾里；同时，也无法精准地评估员工的工作绩效。因此，管理者学习 SEO 也是非常有必要的。

　　管理者通过学习 SEO，制定和审核 SEO 任务，做好 SEO 进度的把控。图 1-9 所示是某企业 SEO 项目报表。

SEO项目周报表（29130）		项目负责人		
日期	日志内容	完成进度	执行力度	KPI
2016/1/1				
2016/1/2				
2016/1/3				
2016/1/4				
2016/1/5				
2016/1/6				
2016/1/7				

图 1-9　企业 SEO 项目报表

企业管理者对 SEO 管理担负全面的责任，组织、实施和监督 SEO 优化项目；建立和完善企业管理制度、KPI 绩效考核制度，激发员工的工作动力和信心。

3．失业者再创辉煌

失业就意味着失去了经济来源。而当下大部分失业者的想法就是找一份环境好、收入较高的工作，但是由于自身并不具备足够的知识和能力去胜任这份工作，所以出现一种进退维谷的情形。

因此，失业者可将硬性条件暂时放到一边，先对自身的实际情况做出切实的定位，不断充实自己，提升自己的能力。在互联网技术高速发展的今天，网站 SEO 是一门相当热门的职业，失业者可通过学习 SEO 的知识来达到学以致用的目的，从而适应社会发展的需求。

1.3 SEO 与 SEM

SEO 和 SEM 都是网站优化中很重要的手段。SEO 和 SEM 仅有一个字母之差，对于刚接触 SEO 的站长来说，经常会混淆这两者，很难区分它们。那么，在本节中将讲解 SEO 的相关概念，让读者更加充分地了解到 SEO 和 SEM 之间的区别。

1.3.1 SEM 的定义

SEM（Search Engine Marketing）是搜索引擎营销。SEM 是指基于搜索引擎平台的营销行为，利用用户对搜索引擎的依赖，在用户进行检索的时候将信息传递给目标客户。图 1-10 所示是搜索引擎营销的 4 个层面。

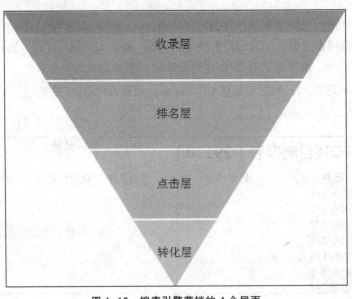

图 1-10 搜索引擎营销的 4 个层面

搜索引擎营销的基本思想就是让用户发现信息，并且通过点击进入网站或者是网页，进一步了解所需要的信息，从而产生转化的行为。

然而在实际的网站优化过程中，网站被搜索引擎收录和排名情况在很大程度上决定了搜索引擎营销的效果。因此，提升网站被收录的概率和排名的位置也是搜索引擎营销的重点内容。

1.3.2 SEO 与 SEM 的区别

在初步认识了 SEM 的基础概念之后，站长还需要对 SEO 和 SEM 进行区分，以便更好地优化网站。

1．定义的区别

单从字面上来看，SEO 是搜索引擎优化；SEM 是搜索引擎营销。SEO 是为了提升关键词排名，优化网站结构，引导用户通过搜索引擎访问网站，提升潜在的成交转化率；而 SEM 是通过搜索引擎各方面的技术，包括免费 SEO 和付费 PPC 广告，其中 PPC（Pay Per Click）是指点击付费竞价广告，其典型的代表是谷歌右侧的广告和百度竞价排名。它们的具体关系如图 1-11 所示。

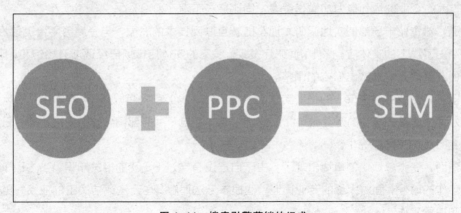

图 1-11　搜索引擎营销的组成

SEM 策略通过 SEO 技术的拓展为网站带来一定的商业价值，策划行之有效的网络营销方案，最终达到推广网站的目的，提升网站商品或者是服务的销售。

因此，SEO 属于 SEM 的一部分。SEM 策略的执行离不开 SEO 的相关基础知识，换而言之，SEO 是实现 SEM 的奠基石，无论是网站优化还是竞价排名。

2．优化效果的区别

SEO 的操作步骤多，优化内容烦琐，见效时间慢，但是优化后的效果比较持久。网站经过全方位的搜索引擎优化过后，排名会更加靠前，并且会为网站带来大量的精准流量。

SEM 的成效显著，往往只需要一两天就可达到预期的排名。但是 SEM 的具体排名和网站推广预算相关，一旦账户的余额不足，排名就会大幅度下降，具有不稳定性；并且还会出现恶意点击的情况。

此外，针对于同一关键词，SEO 和 SEM 两者之间属于竞争关系，SEM 具有较强的竞争优势，SEO 在排名上处于劣势地位，但是 SEO 的投资回报率高于 SEM。

3. 服务对象的区别

SEO 和 SEM 最主要的区别是终极目标不同。从网络营销的角度出发，SEO 主要是针对于自身网站的优化；而 SEM 更多是为客户制定和实施符合 SEM 的策略方案，提升网站的流量和转化率。

随着 SEM 在全球范围内的普遍应用，它已经成为一种非常流行的网络营销手段，也将成为电子商务发展的必经之路。网站管理员习惯于在互联网中对市场分级，建立品牌认同感，提升用户对品牌的信任度，并且逐步引导用户从网站收录进入转化层，最终产生成交转化行为。

 **实战演练**

张总是某品牌女装的创始人之一。企业在创业初期全力以赴进攻线下市场，成功抢占了多个城市黄金地段的资源，为企业的迅速发展和强大奠定了基础。但是随着企业的规模开始逐步扩大，企业的盈利能力却增长缓慢，同比增长下滑了 0.9%。

通过对企业市场部的实地调研发现：随着互联网技术的发展，电子商务平台迅速崛起，严重冲击了线下的实体店。此外，调研还发现：线下的实体店市场已经逐渐开始饱和。因此，企业的发展战略需要做出相应的调整。

于是，企业由原来单一的线下实体店调整成为"线上官网商城+线下实体店"的运营模式。为了快速提升网站的运营效果，企业专门成立了电子商务部门，部门中设置了 SEO 专员，专门负责官网的优化。

然而，令张总烦恼的事情出现了：由于自己没有学过 SEO 的相关知识，当 SEO 专员汇报工作的时候，面对大量的专业词汇，他根本无法理解，也无法评估员工的业绩，更无法制定和指导工作。

请结合本章所讲述的内容，为张总讲解 SEO 的相关基础知识，尤其是 SEO 常用术语。

02 第2章

搜索引擎概述

本章简介

  随着互联网技术的迅猛发展，网民对互联网的需求和依赖性逐渐增加。网民想要获得任何信息，只需要打开百度或者是谷歌，在搜索框中输入需要查找的东西，即可以查询到相关的搜索结果。而被广大网民所广泛使用的工具就是搜索引擎。

  在本章中，将逐一讲解搜索引擎的相关知识，首先是初步认识搜索引擎的基础理论知识；其次是搜索引擎的分类以及常用的搜索引擎；最后是掌握必备的检索技巧，提升工作效率。

学习目标

1. 熟悉搜索引擎的技术架构和工作原理；
2. 了解搜索引擎的分类；
3. 掌握基础的检索技巧。

2.1 认识搜索引擎

在互联网发展的初期，网络信息的查找比较容易，但是伴随着互联网的迅速发展，海量的信息呈现出爆炸性增长。为了满足网民的信息检索需求，专业的搜索网站也就应运而生。

2.1.1 搜索引擎的定义与发展史

1. 搜索引擎的定义

搜索引擎（Search Engine），从严格意义上来说，是指根据一定的策略、运用特定的计算机程序从互联网上搜集信息，对信息进行组织和处理后，为用户提供检索服务，将用户检索的相关信息展示给用户的网站系统。

简而言之，搜索引擎主要是通过收集整理万维网上几千万到几十亿个网页中的关键词并进行索引，进而建立索引数据库的全文搜索搜索引擎。当用户查找某个关键词的时候，所有页面内容中包含了该关键词的网页都将会作为搜索结果被展现出来。

例如，在百度搜索引擎中输入关键词"手机游戏"，页面中一共显示了 1 亿个搜索结果，具体如图 2-1 所示。

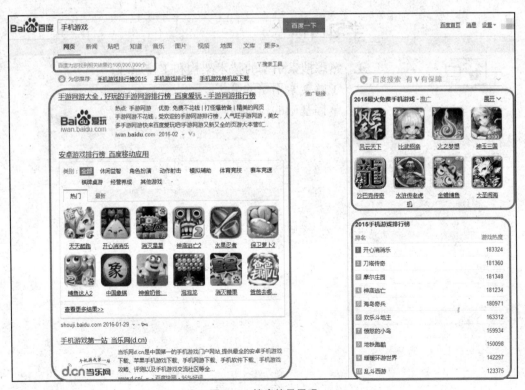

图 2-1 搜索结果展现

通常情况下，在海量的搜索结果中，搜索结果的展现位置越靠前，被用户浏览的概率就越高，营销推广的效果也会越好。作为一个手机游戏的网站站长，如何让网站的排名更加靠前呢？影响网站排名的因素很多，在本书中接下来的章节会逐一讲解。

2. 搜索引擎的发展史

在搜索引擎的发展早期，搜索引擎网站的分类目录查询非常流行，如雅虎。网站目录由人工整理和维护，精选互联网上的优秀网站并进行简述，分类放置在不同的目录下。用户在查询的时候，会通过一层层的点击来查找自己所需要的网站信息。因此，这种基于目录检索服务的网站成为搜索引擎的雏形。

在 1990 年，加拿大麦吉尔大学（University of McGill）计算机学院的 Alan Emtage 研发了 Archie。由于当时万维网还没有出现，人们普遍使用 FTP 共享信息，大量的文件散布在 FTP 主机中，使得用户查询起来非常不便。而 Archie 能定期搜集并分析 FTP 服务器上的文件名信息，提供查找分别在各个 FTP 主机中的文件。但用户必须输入精确的文件名进行搜索，Archie 会告诉用户哪个 FTP 服务器能下载该文件。

虽然 Archie 搜集的信息资源不是网页，但和搜索引擎的基本工作方式是一样的：自动搜集信息资源、建立索引、提供检索服务。所以，Archie 被公认为现代搜索引擎的鼻祖。

最早现代意义上的搜索引擎出现于 1994 年，斯坦福（Stanford）大学的两名博士生 David Filo 和美籍华人杨致远（Gerry Yang）共同创办了超级目录索引 Yahoo，并成功地使搜索引擎的概念深入人心。从此，搜索引擎进入了高速发展时期。

伴随着互联网市场需求的急剧扩大，用户所使用的搜索引擎也是互联网应用技术应用最普遍的，并且已经形成了以"用户为核心"的服务理念，充分挖掘用户的深层次需求，实现精准化的用户定位和营销。

当用户输入查询请求的时候，同一个查询的请求关键词在用户背后可能是不同的查询需求。例如，用户输入查询关键词"手机"，不同年龄段的用户需要的产品可能会不同，甚至同一用户在不同的时间段、地点的需求也不同。

因此，搜索引擎的技术性优化都致力于解决一个问题：如何从用户所输入的简短的关键词中判断用户的真实需求。这也是这一代搜索引擎的核心发力点。

2.1.2　搜索引擎的技术架构

搜索引擎如何获取和存储海量的数据？如何快速响应用户的信息需求？如何确保搜索结果的精准性和相关性？这些都是搜索引擎面临的技术挑战。对于任何一个搜索引擎而言，要想提升搜索引擎的质量，还必须先了解搜索引擎的系统架构。图 2-2 所示是搜索引擎的技术架构。

由图 2-2 可知，一个搜索引擎主要由搜索器、索引器、检索器和用户接口四部分组成。那么，在接下来的章节中将逐步讲解分析搜索引擎的架构组成。

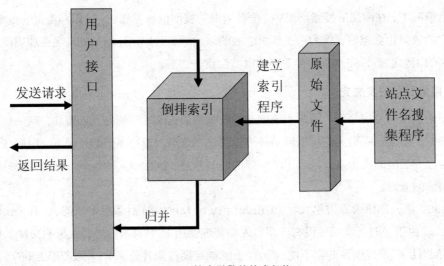

图 2-2 搜索引擎的技术架构

1．搜索器

搜索器也被称为蜘蛛（Spider）、机器人（Robot）、爬行者（Crawler）、蠕虫（Worm），其实质是一种计算机程序，按照某种策略自动在互联网中搜索和发现网页信息。

由于互联网的信息更新速度非常快，所以搜索器必须尽快、尽可能多地搜集各种类型的最新信息，并且定期更新已经搜集过的旧信息，避免出现死链接和无效链接。就目前而言，通常有以下两种搜集信息的策略。

（1）以 URL 集合开始

搜索器顺从一个以 URL 集合开始，顺着这些 URL 中的链接，以宽度优先、深度优先或启发方式等循环地在互联网中发现新的信息。URL 集合既可以是任意的 URL，也可以是一些比较流行、多链接的站点。

（2）按照域名划分

搜索器将 Web 按照空间域名、IP 地址、国家域名进行划分，每一个搜索器负责一个子空间的信息搜索。搜索器搜集的信息类型多元化，包括 HTML、FTP 文件、字处理文档以及多媒体信息等。搜索器通常可采取分布式或者并行计算技术，以提升信息发现和更新的速度。

2．索引器

索引器将生成从关键词到 URL 的关系索引表。索引表一般使用某种形式的倒排表，即由索引项查找相应的 URL。索引器的好坏直接影响搜索引擎的质量。

3．检索器

检索器的主要功能是根据用户输入的关键词在索引器中形成的倒排表中进行查询，同时完成页面与查询之间的相关度评价，并且对将要输出的结果进行排序，以提供给用户相关的反馈机制。

4．用户接口

用户接口是搜索引擎系统与用户之间形成信息交互的媒介，其主要功能是输入用户查询请求、显示查询结果、提供给用户相关性的反馈机制。

搜索引擎不但需要具备对数以百亿的海量网页进行获取、存储、处理的能力，同时还要保证搜索结果的质量。一个优秀的搜索引擎的技术架构比较复杂，用以支撑对海量数据的获取、存储以及对用户查询快速而精准的响应。

2.1.3 搜索引擎的工作原理

搜索引擎的工作原理分为 4 个过程：首先在互联网中发现、收集网页信息，同时对信息进行智能提取和组织建立索引库；再由检索器根据用户输入的关键词在索引库中快速检出文档；接着对文档与查询的相关度进行预处理；最后对要输出的结果进行排序，并将查询结果返回给用户。图 2-3 所示是搜索引擎的工作原理。

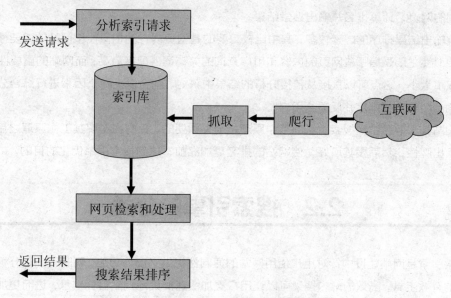

图 2-3 搜索引擎的工作原理

1．爬行和抓取

搜索引擎通过发出一个能够在新网页中发现并抓取信息的程序，这个程序从一个链接爬行到另外一个链接中，就像蜘蛛在蜘蛛网上爬行一样。因此，这个程序被称为"蜘蛛"，这个过程被称为"爬行"，被抓取的网页称为"网页快照"。

搜索引擎通过这些爬行程序来获取互联网上的外链，这些被抓取的和用户查询的数据一致的新网页会存入数据库中等待检索。

2．查询词分析

搜索引擎的最终目的是为用户提供精准全面的搜索结果。当用户输入搜索请求时，首先需要对关键词进行分析，结合查询词和用户信息精准地判断用户的真实搜索意图。

其次需要在搜索引擎缓存系统中查找。搜索引擎缓存系统中存储了不同查询意图的搜索结果，如果能够在缓存系统中找到满足用户需求的信息，则可以直接将搜索结果反馈给用户。这样既能节省重复计算对资源的消耗，又能加快响应速度。

3．检索和处理

搜索引擎抓取到网页之后，还需要进行大量的预处理才能为用户提供检索服务。其中主要包括提取关键词、建立索引库和索引；此外，还包括去除重复网页、分词、判断网页类型、分析超链接、计算网页的重要度。

除了网页文件外，搜索引擎通常还能抓取和索引以文字为基础的多种文件类型，例如PDF、Word、WPS、XLS、PPT、TXT文件等。

4．结果排序输出

用户在输入关键词查询之后，搜索引擎的排名程度调用索引库的数据，在数据库中找到匹配该关键词的网页，计算排名并输出搜索结果。

影响输出结果排序的因素较多，其中比较重要的是网页内容的相似性和网站的重要性。网页内容的相似性主要是指哪些网页的内容和用户查询的关键词匹配度最高；而网站的重要性则是指网站的权重大小，这点可以直接从链接分析的结果中获得。结合以上两个因素进行综合分析，即可以对输出结果进行排序并反馈给用户。

网站站长了解和掌握搜索引擎的工作原理是至关重要的。只有在了解其工作原理之后，才能从中摸索出脾性，然后投其所好，使网站的排名更加靠前，达到搜索引擎优化的目的。

2.2 搜索引擎的分类

搜索引擎是网站建设中针对用户使用网站的便利性提供必要的功能，同时研究和分析网站用户行为的有效工具。高效的站内搜索可以让用户更加快速准确地找到目标信息，进而更加有效地实现网站产品和服务的营销。站长要想提升网站的搜索效率，首先应该熟悉搜索引擎的分类，再根据网站的属性来优化网站的建设。那么，搜索引擎主要分为哪几类呢？

2.2.1 全文搜索引擎

全文搜索引擎主要是指搜索引擎从网站中提取信息建立网页数据库。国内有百度，国外有Google。根据搜索结果来源的不同，搜索引擎的自动信息索引主要分为两类。

第一类是拥有自身的检索程序，又被称为"蜘蛛程序"或"机器人程序"，搜索引擎会主动派出蜘蛛程序对一定IP地址范围内的网站进行检索，一旦发现新的网站，就会自动提取网站的信息，并且加入网页数据库中，搜索结果直接从自身的数据库中调用，例如百度、Google。图2-4所示是蜘蛛程序索引流程。

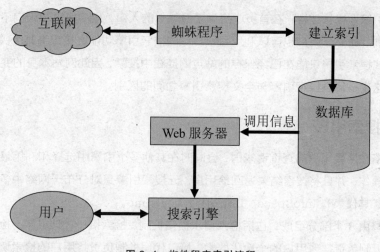

图 2-4　蜘蛛程序索引流程

第二类则是租用其他搜索引擎的数据库，并且按照自定的格式排列搜索结果，例如 Lycos。由于这种搜索引擎不能够创建自身的数据库，已经无法满足用户的需求，逐渐被第一类搜索引擎所替代。

当用户利用搜索引擎搜索关键词的时候，搜索引擎会在数据库中搜寻，找到与用户搜索内容相符合的网站，从而根据网页中关键词匹配程度、关键词密度、网站权重、链接质量等数据指标进行计算并排名，按照网站的关联程度从高到低展现。这种搜索引擎的最大特点就是搜全率很高，包含了各行各业的信息，有利于增加网站被检索的概率。

2.2.2　目录搜索引擎

目录搜索引擎也被称为"分类检索"，是以人工方式或者是半自动方式搜索到网页的内容，并根据网页的内容和性质将其归到不同层次的类目之下，形成一定的人工信息摘要，形成像图书馆目录一样的树状分类结构索引。典型的目录搜索引擎包括：雅虎、网易、搜狐。图 2-5 所示是目录搜索引擎的结构图。

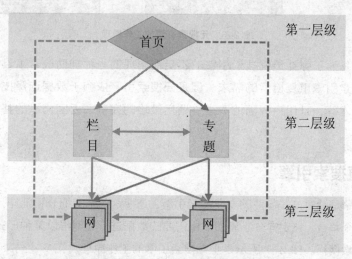

图 2-5　目录搜索引擎的结构图

目录搜索引擎为树状结构，在首页中提供了最基本的入口，用户可以逐级向下访问，直到找到所需要的类别。此外，用户也可以利用目录提供的搜索引擎功能直接查询某个关键词。

由于目录式搜索引擎只能在已经保存的站点的描述中搜索，因此网站本身的变化不会反映到搜索结果中，这也是目录搜索引擎与全文搜索引擎之间的区别。

2.2.3 元搜索引擎

元搜索引擎在接受用户的查询请求时，会同时在其他多个引擎中选择和利用最合适的搜索引擎来实现检索操作，并且将搜索结果返回给用户。元搜索引擎是对分布于网络中多种检索工具的全局控制机制，其代表有 InfoSpace、Dogpile、Vivisimo。

元搜索引擎由 3 个部分组成，包括检索请求提交机制、检索接口代理机制、检索结果显示机制。请求提交机制负责实现用户的个性化搜索，接口代理机制负责将用户的检索请求翻译成满足不同搜索引擎本地化要求的格式，结果显示机制则负责对所有元搜索引擎结果进行去重、合并和输出。其工作原理如图 2-6 所示。

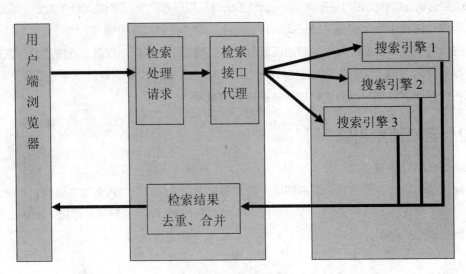

图 2-6　元搜索引擎的工作原理

元搜索引擎是为了弥补传统搜索引擎的不足而出现的一种辅助检索工具，满足了用户需要使用不同的搜索引擎重复检索的需求。但是元搜索引擎依赖于数据选择技术、文本选择技术、查询分派技术等，且用户界面的改进、调用策略的完善、返回信息的整合仍然是其研究的重点。

2.2.4 垂直搜索引擎

垂直搜索引擎是针对某一行业的专业搜索引擎，是搜索引擎的细分和延伸，是对网页库中某类专门信息的一个整合。它定向分字段抽取出需要的数据进行处理再以某种形式返回给用户，例如旅游类垂直搜索携程。图 2-7 所示是垂直搜索引擎的工作原理。

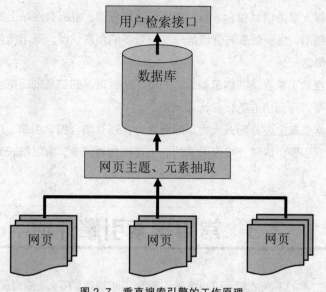

图 2-7　垂直搜索引擎的工作原理

　　垂直搜索引擎和普通搜索引擎最大的区别在于首先对网页信息进行了结构化抽取，将网页的非结构化数据抽取成特定的结构化信息数据，并且以结构化数据为最小单位；然后将这些数据存储到数据库中进行进一步的加工处理，例如去重、分类、筛选等；最后分词、搜索再以搜索的方式满足用户的需求。

　　垂直搜索引擎最大的特点在于精、准、深，且具有行业色彩。相比于其他无序化的搜索引擎，垂直搜索引擎则更加专业和深入，进而保证所收录信息的完整性和及时性，返回的结果重复率低、相关性强、查准率高。

2.2.5　通用搜索引擎

　　通用搜索引擎的检索方式是用户通过查询关键词实现的，其实质是语义上的检索，返回的结果倾向于知识成果，例如文章、论文、信息等。常见的通用搜索引擎包括百度、360 搜索、搜狗等。图 2-8 所示是通用搜索引擎的工作原理。

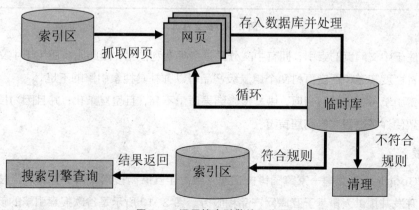

图 2-8　通用搜索引擎的工作原理

通用搜索引擎将大量的信息整合导航，然后极快地查询，将所有网站上的信息整理到一个平台上供大量的用户使用。由于信息的价值第一次被众多的用户认可，通用搜索引擎迅速成为互联网中最具价值的引擎之一。

然而由于通用搜索引擎收录的信息量大，深度不够，查询的信息的精准度较差，且呈无序化分布，致使用户想要查询到精准的信息比较困难。

综上所述，搜索引擎主要分为五大类。除此之外，还有集合搜索引擎、门户搜索引擎、免费链接列表等相关搜索引擎。这部分搜索引擎的应用范围相对较窄，所以站长通常只需要适当了解即可。

2.3 常用搜索引擎介绍

随着搜索引擎技术的不断成熟，新的搜索引擎也不断涌现。那么，面对种类繁多的搜索引擎，站长该如何选择呢？在本节中将介绍常用的搜索引擎。

1. 百度

百度是全球最大的中文搜索引擎，致力于向用户提供"简单，可信赖"的信息获取方式。图2-9 所示是百度搜索引擎的首页。

图 2-9　百度首页

百度专注于中文网页的索引，拥有中文分词等多项专利技术，因此比较适用于中文初级搜索用户。此外，百度知道和百度百科两个重量级产品可以弥补其搜索引擎的不足。

百度搜索引擎劣势仍然很明显，中文搜索结果质量不高，且呈复杂化；并且因为搜索排名过于商业化，致使许多虚假广告高居首页。

2. 谷歌

谷歌（Google）是美国一家跨国科技企业，致力于互联网搜索、云计算和广告技术等多领域的研发，开发并提供大量基于互联网产品和服务。图 2-10 所示是谷歌搜索引擎的首页。

图 2-10 谷歌首页

谷歌是第一个被公认为全球最大的搜索引擎。谷歌的使命就是整合全球信息，使用户从搜索结果中获取有价值的信息。谷歌搜索速度快，页面布局合理，新闻更新快，收录量大。

然而谷歌的中文网站检索更新频率低，不能及时淘汰已经过时的死链接；尽管用户通过网页快照可以减少目标页面不存在的现象，但是国内经常出现不可访问网页，对用户体验造成一定的影响。

3．雅虎

雅虎（Yahoo!）是美国著名的门户网站之一，其服务范围包括搜索引擎、电子邮件、新闻等，服务业务遍及 24 个国家和地区。图 2-11 所示是雅虎搜索引擎的首页。

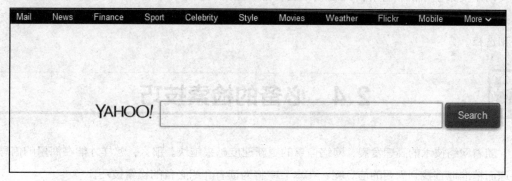

图 2-11 雅虎首页

雅虎是最早实行分类目录搜索数据库，也是最重要的搜索服务引擎之一。雅虎在整个互联网搜索应用中所占份额达 36%，所收录的网站全部被人工编辑目录分类，分类恰当，层次合理，收录丰富，检索精准，其数据库中注册网站的形式和内容的质量都非常高。

尽管雅虎的网页搜索较好，但是死链率较高，严重影响用户体验；缺少高级搜索功能，例如语音搜索、截图搜索；且缺乏核心技术支持，搜索结果主要由谷歌和必应等其他的搜索引擎提供。

4. 搜狗

搜狗搜索是搜狐公司于 2004 年推出的全球首个第三代互动式中文搜索引擎。搜狗搜索致力于中文互联网信息的深度挖掘，帮助中国网民快速获取信息。图 2-12 所示是搜狗引擎的首页。

图 2-12　搜狗首页

搜狗音乐搜索的死链率小于 2%，图片搜索具有组图浏览功能，新闻搜索及时，地图搜索全国无缝漫游。搜狗引擎极大地满足了用户多方面的需求。

然而搜狗搜索引擎所提供的数据资源比较粗糙，只能满足用户一般的需求，无法满足用户更深层次的需求。

不同的搜索引擎所获取结果的差异性非常大，这主要是由各类搜索引擎的设计目的、服务宗旨和发展走向等多方面的因素共同决定的。因此，站长在选择搜索引擎的时候需要熟悉各类常用搜索引擎的特性，再结合网站的特点。通常情况下，站长可以以搜索引擎的知名度、收录范围、数据库容量、响应速度、用户界面、更新周期、精准度等多维度的数据指标来衡量和选择。

2.4　必备的检索技巧

随着网络技术的高速发展，网络信息的更新速度越来越快。那么，怎样才能在海量的信息中快速而精准地查找到需要的信息呢？在本节中将为读者介绍必备的检索技巧。

1. 限定搜索范围为特定站点

用户在使用搜索引擎查询资料的时候，搜索引擎会自动反馈给用户很多网站的相关信息，如果知道某个站点有需要查询的信息，就可以将搜索范围限定为这个特定的网站，以提高检索的效率。

其搜索的语法是：关键词 site:站点域名。例如，用户需要在站长之家查询微博营销的方法，直接在搜索引擎中输入"微博营销的方法 site:chinaz.com"。如图 2-13 所示，搜索结果全是站长之家的网页。

图 2-13　限定站点搜索

值得注意的是，在输入查询内容后需要空格，再加上 site:站点域名。而站点域名可以是主机域名，也可以是部分域名，甚至可以是顶级域名。

通常情况下，限定特定站点搜索适用于比较知名的网站，用户能熟记网站的域名。但是针对于普通企业的网站，企业还是需要提升网站的知名度，让更多的用户自主访问网站。

2．限定搜索范围为特定链接（URL）

网页 URL 中包含了某些信息，常常具有某种有价值的含义。因此，用户如果对搜索结果中的 URL 进行一定的限定，就可以获得比较精准的搜索结果。

其搜索的语法是：关键词 inurl:关键词。例如，用户需要查询智能手机用户市场的相关 URL，在搜索引擎中输入"智能手机用户市场 inurl:shichang"，如图 2-14 所示。

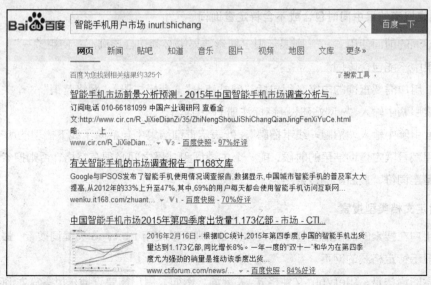

图 2-14　限定 URL 搜索

用户在使用 inurl 语法查询的时候，为了提升搜索结果的精准度，在输入查询内容后也需要空格，在 inurl 后面则输入关键词的汉语拼音。

3．精准匹配

如果所查询的关键词比较长，搜索引擎可能会对该关键词进行拆分，最后提供的搜索结果的精准度也就相对较低。为了解决这一问题，用户可以在关键词加上双引号或者是书名号，让搜索引擎不对关键词进行拆分。其搜索的语法是：《关键词》，如图 2-15 所示。

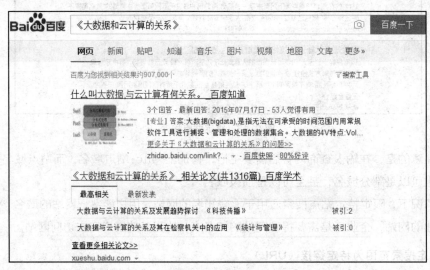

图 2-15　精准匹配

书名号在百度搜索中有特殊的功能，因为书名号会出现在搜索结果页面中，而且由书名号括起来的关键词不容易被拆分，能够保持关键词的完整性进而保证搜索结果的精准匹配度。书名号查询特别适用于书籍、电影。

4．限定搜索结果中同时包含或不含特定查询词

在关键词的前面使用"+"，则表示限定搜索结果中必须包含该词汇；使用"－"，则表示限定搜索结果中不能包含该词汇。

例如，用户需要查询的内容必须包括"网站建设""商标注册""网络营销"3 个关键词，就直接在搜索引擎中输入"+网站建设+商标注册+网络营销"。

在搜索引擎中输入"招聘—线下招聘"，就表示查询结果中包括除了线下招聘的所有网页。

在使用减号限定查询结果的时候，前一个关键词和减号之间必须有空格，否则搜索引擎会将减号当作是连词符，最后影响搜索结果。

5．指定文档类型搜索

如果用户在搜索的时候需要特定的文件格式，则可以使用 filetype 关键词搜索，最终使得搜索结果只显示特定格式的网页。

其搜索的语法是：filetype:文件格式 关键词。例如，用户需要查询东风雪铁龙 508 的配置

参数，并且以 Excel 的格式呈现，那么只需要在搜索引擎中输入"filetype:xls 东风雪铁龙508"即可，最终搜索结果如图 2-16 所示。

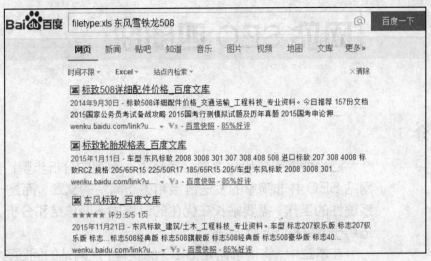

图 2-16　指定文档搜索类型

指定文档搜索类型可以快速定位并找到所需要的文档类型，且搜索引擎支持文档格式较多，包括 doc、ppt、xls、pdf、txt 以及 rtf，极大地满足了用户的搜索需求。

当掌握一定的检索技巧之后，在网站的优化过程中能够快速精准地获取信息，极大地提升了工作效率；了解同行市场的竞争情况，有针对性地制定网站优化的计划和策略，进而提升网站的排名。

实战演练

小何是待业人员，准备在再就业之前对自己进行充电，他想要学习 SEO 的相关知识，但是却不知道该如何下手。

请结合本章所讲述的内容，为小何介绍搜索引擎的基础知识，其中重点包括搜索引擎的定义、技术架构、工作原理、分类以及必备的检索技巧。

03 第3章

网站 SEO 四部曲

本章简介

　　网站搜索引擎优化之前必须经过一系列的分析步骤。实际上，网站 SEO 并非简单的发送链接和更新网站的文章，而是一项比较系统性的工作，需要站长在优化的过程中不断总结和分析，摸索出适用于网站的 SEO 方法。

　　在本章中，将讲解网站 SEO 的流程，从网站的问题诊断开始，再制订网站 SEO 的计划；在执行计划期间，采集和分析核心数据指标；最后检测网站优化的效果，形成一套系统的网站 SEO 模型。

学习目标

1. 熟悉网站优化的流程；
2. 掌握网站优化的系统性方法。

3.1 第一步——制订 SEO 计划

网站的优化过程通常可以采用 PDCA 循环方法，PDCA 循环又被称为质量环，是全面质量管理和优化所要遵循的科学程序。

PDCA 由英语单词 Plan（计划）、Do（执行）、Check（检查）、Act（修正）的首字母组成。Plan 包括方针、目标和活动规划；Do 是指根据已制订的计划设计具体的方案，并具体运作，从而实现计划中的内容；Check 是指总结和分析执行计划的结果；Act 是指对总结结果的处理，对成功解决的问题加以提取、推广和标准化，对还没有解决的问题提交到下一个 PDCA 循环中去解决。

同理，站长也可以将 PDCA 循环应用于网站优化中，第一步就是制订网站 SEO 的计划。具体的操作步骤如图 3-1 所示。

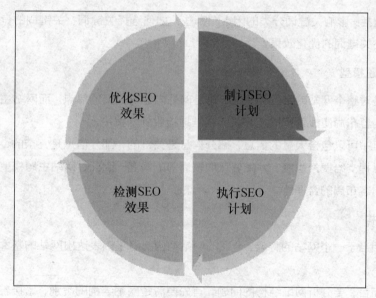

图 3-1 网站优化第一步

制订 SEO 计划的基础是全面分析和衡量网站需要优化的项目，对网站目前存在的问题进行综合性的诊断。网站问题的诊断最终目的是为网站 SEO 而服务的。一般来说，网站问题的诊断包括 5 个方面，具体如图 3-2 所示。

1. 关键词

对于任何一个网站来说，关键词都是影响网站优化至关重要的因素之一。网站关键词代表了网站的市场定位，那么站长在进行关键词优化的时候必须有合理的定位，而怎样才算作是合理的定位呢？

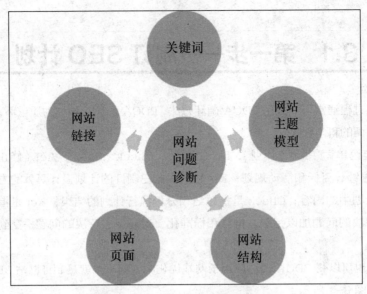

图 3-2　网站问题诊断项目

其中主要包括：影响关键词分类的因素有哪些？如何选择关键词？关键词的竞争程度怎么判断？怎样去评估关键词的优化效果？

2．网站主题模型

网站主题是对整个网站的定位和概括，也是网站内容所汇聚的焦点。而网站主题模型则是通过合理的页面内容布局使搜索引擎能够快速精准地检索到网页中。

在一个网页中可以包含大量的信息，部分信息是关键的，部分信息是冗杂的，只有将网页中核心的主题信息提交给搜索引擎，才能够获取较靠前的排名。因此，网站主题模型的问题诊断主要是判断页面内容布局的合理性。

3．网站结构

网站结构相当于一个网站的骨架，合理的网站结构能够正确表达出网站的基本内容以及内容之间的层次关系。

对于站长而言，要分析网站结构的问题，首先要清楚网站结构的类别，紧接着对不同类别的网站结构进行优化。

4．网站页面

网站页面也是对网页程序、内容、板块等多方面的优化和调整，使其符合搜索引擎的检索标准，从而提升网站在搜索引擎的排名。网站页面问题的诊断则主要是查看标题设置得是否合理、Meta 标签设置得是否到位、图片的属性是否合适以及视频和 Flash 设置得是否全面。

5．网站链接

网站链接是引导用户浏览网站的路径，同时也是引导搜索引擎抓取网页的途径。网站链接能够传递网站的权重，是网站的灵魂。因此，站长在网站建设中一定要做好链接的诊断与优化。网站链接的诊断主要是内部链接和导入链接的诊断。

综上所述，网站问题的诊断涵盖了网站优化的各个方面，从最基础的关键词优化到网站主题模型，从网站结构到网站页面，最后是网站链接。网站系统诊断便于站长及时了解网站存在的问题，降低贻误时机造成的损失，进而使网站的优化有更显著的改善。

3.2 第二步——执行 SEO 计划

站长在完成了制订 SEO 计划之后，那么接下来执行网站 SEO 计划，即优化网站在第一步诊断的问题，如图 3-3 所示。

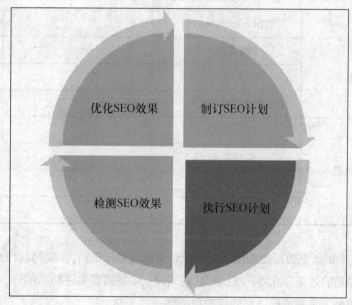

图 3-3 网站优化第二步

网站 SEO 计划的执行就是将计划中的任务变成行为。为了提升网站优化的效率，站长可以制订一个完整的 SEO 任务计划表，对需要优化的指标进行细化，明确任务并且跟进优化进度。

接下来以关键词的优化为例，首先对关键词的指标进行细化处理，再分配具体的优化任务。站长在执行任务的过程中需要说明具体的操作方法和步骤，具体内容如表 3-1 所示。

表 3-1 执行任务计划表

优化指标	优化内容	执行方法和步骤	完成情况
关键词审查	换位思考		
	用组织名称和服务名称命名		
	拼写错误、方言		
	描述地理位置		

优化指标	优化内容	执行方法和步骤	完成情况
关键词扩充	合作客户		
	网站统计		
	搜索引擎的相关词		
	竞争对手的网站		
	行业媒体		
关键词统计工具	Word tracker		
	Keyword Discovery		
	Google Adword		
关键词收集	搜索热度		
	相关度		
	竞争程度		
收集关键词列表	权衡关键词		
	合并关键词		
	匹配到着陆页面		
	关键词列表定稿		

　　站长在执行 SEO 计划阶段是按照预定的计划和标准进行布局，采取强有力的执行决策，使网站的优化达到预期的效果。此外，在执行计划的过程中还需要关注细节部分，尤其是计划中存在不足的地方，记录下来并进行适当的修改和调整。

3.3　第三步——检测 SEO 效果

　　网站的 SEO 计划方案设计是否合理、目标是否完成、计划是否需要改进，都要通过实际的检测才能有明确的判断。这也就是网站优化的第三步——检测 SEO 效果，如图 3-4 所示。

　　一般来说，站长在检测 SEO 指标的时候往往是以实际的优化效果来判定的。在网站 SEO 过程中会有很多数据指标，从大方向来说，SEO 效果检测最直观的数据指标包括网站收录、网站排名、外链检测和成交转化率。

　　站长可以创建一个表，记录在不同时期中网站的流量和业务数据的变化对比图，以便发现网站目前存在的问题，及时进行改进。在本小节中将以成交转化率为参考指标，为广大站长讲解如何监测 SEO 指标。

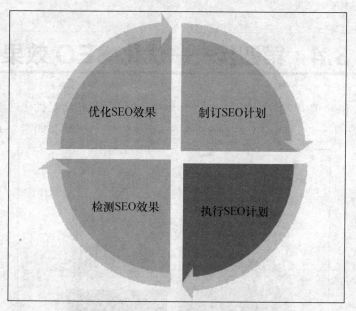

图 3-4　网站优化第三步

例如，某网站站长统计了网站在最近 1 个月的访客数与成交转化率，具体如图 3-5 所示。

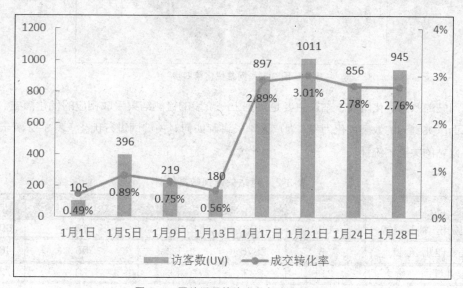

图 3-5　网站近月的访客数与成交转化率

从统计的数据可以很直观地看出：网站在近几个月的变化较大，1 月 13 日左右为分水岭，前半月网站的访问量和转化率都比较低，但是后半月网站的访问量和转化率很高。说明网站的优化效果明显，网站获取了大量的精准访客，提升了在线成交转化率。

在实际的网站指标检测过程中，很多站长都走入了一个误区，即单方面任务网站的排名就是最终目标。但是对于一个企业来说，网站排名只是提升网站优化的参考指标之一，提升网页的业务能力才是最终目的。因此，在优化的过程中注重成交转化率指标的变化是非常有必要的。

3.4 第四步——优化 SEO 效果

站长在完成 SEO 指标的检测之后，对于计划中效果不显著或者是优化过程中出现的新问题进行总结，为展开下一轮的 PDCA 循环提供依据，即优化 SEO 效果，如图 3-6 所示。

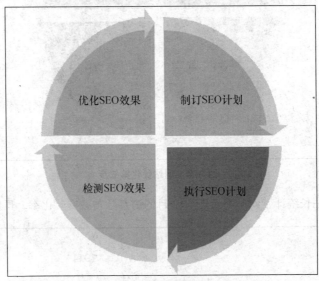

图 3-6　网站优化第四步

在网站的效果优化阶段，站长主要是根据上一阶段的检测结果采取相应的优化措施。

下面以关键词的效果优化为例，为广大站长讲解如何对关键词进行优化。表 3-2 所示是某母婴用品网站的关键词统计表。

表 3-2　网站关键词数据统计

关键词	访问页面量	访客数	新访客占比	平均访问时间（S）	跳失率
有机奶粉　补脑益智	1.2	196	13.26%	13	69.78%
美素佳儿　金装	7.5	2875	36.11%	56	46.52%
婴儿配方奶粉	2.9	233	16.49%	20	72.80%
雅培原装进口	5.6	2076	25.82%	35	39.19%
婴儿奶粉 1 段	1.3	356	6.43%	19	75.44%
爱他美进口奶粉	6.1	1986	10.79%	43	42.12%
原装　美赞臣安儿宝	5.3	2540	30.58%	49	40.45%
荷兰进口原装牛栏	6.0	2611	22.30%	52	32.73%
惠氏金装 3 段	4.6	1688	11.23%	31	46.59%
新生儿奶粉	2.3	572	16.75%	26	60.85%
澳洲奶粉　婴儿	4.8	1813	9.82%	54	46.78%

由表 3-2 中的相关数据统计可知：关键词主要分为两大类，一类是品牌关键词，这类关键词的访客多、访问页面量大、访问时间长、跳失率相对较低，例如美素佳儿、雅培、爱他美；另一类属于非品牌关键词，而这类关键词的访客数较少、访问页面量较小、页面的停留时间短、跳失率较高，例如有机奶粉、婴儿配方奶粉、新生儿奶粉。

因此，从关键词可以看出用户的深层次需求，大部分的用户更加倾向于品牌关键词。所以，为了提升网站的成交转化率，站长急需优化非品牌关键词。在该优化环节中，站长需要总结出上一阶段存在的问题，将比较成功的经验尽可能纳入标准，将遗留的问题转入下一轮 PDCA 循环中去解决。

站长执行 PDCA 循环优化网站，首先通过诊断网站目前存在的问题，并且制订出相应的优化计划；接下来执行计划，为了提升优化的效率，采用统计表的形式对任务进行细化；然后是检测网站优化的效果，通过数据统计掌握网站优化的效果；最后总结这一轮 PDCA 循环存在的不足之处，并执行到下一轮 PDCA 循环中，以不断提升网站优化的效果。

实战演练

小陈是某高校电子商务专业的大四学生，其毕业论文的主题就是电子商务网站 PDCA 循环。

请结合本章所讲述的知识，为小陈简述网站 PDCA 循环的流程，并在各个流程的讲解中运用具体的数据指标进行说明。

04 第4章
网站关键词的优化

本章简介

网站关键词的优化是网站优化的重要环节之一。站长所做的一切网站优化都是紧紧围绕着关键词而展开的。然而，许多新手站长在进行关键词优化的时候往往会犯这样的错误：选择热门的关键词作为网站的核心关键词，但是网站的权重较低，导致排名很靠后；或者是选择的关键词比较生僻，导致网站被检索的概率很低。那么作为网站站长，该如何选择关键词呢？如何判断关键词的竞争程度呢？

在本章中，将详细讲解网站关键词优化的全流程，首先为读者介绍关键词的基础知识，接着讲解关键词的优化策略，最后对关键词的优化效果进行数据化的评估。

学习目标

1. 理解关键词的定义和分类，熟悉影响关键词优化的因素；
2. 掌握关键词的选择原则，判断关键词的竞争程度，学会布局和拓展关键词；
3. 学会利用数据指标评估关键词的优化效果。

4.1 初识关键词

在互联网时代，信息呈爆炸性增长，企业网站已经不再是单纯地展示信息的平台了。企业网站通过关键词的优化，使网站的排名比较靠前，能够直接为网站带来更多的流量，提高网站的曝光度，吸引潜在的客户，促进商业交易的进行，并且提升企业品牌的知名度和影响力，最终实现网络化营销。

因此，网站关键词的质量就直接影响到网站的流量。那么，在接下来的小节中将为读者介绍关键词的相关知识。

4.1.1 关键词的定义和分类

1．关键词的定义

网站关键词是一个网站给首页设定的方便用户通过搜索引擎搜索到本网站的词汇。例如，在360 搜索引擎中输入关键词"苹果"，在首页的搜索结果中就出现了相关的页面。图 4-1 所示是部分截图。

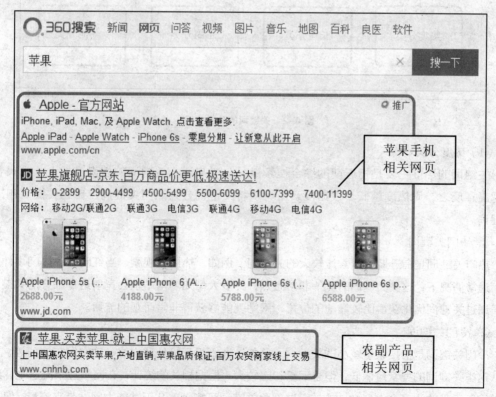

图 4-1 关键词搜索结果页面

在搜索结果页面中，网页又分为苹果手机网页和农副产品网页。用户群体的不同需求就直接决定了对网页的选择和浏览，苹果产品粉丝选择前两个网站的概率较大；而果农则会选择农副产品相关网站。

因此，网站关键词代表了网站的市场定位。精准的关键词能够快速匹配到更多的潜在客户，直接提升网站的访问量。

2．关键词的分类

网站站长只有在明确关键词的分类之后，才能根据网站的特性来筛选、布局和优化关键词。网站关键词的分类有很多种方式，每一种方式都是严格按照网站 SEO 策略和方向规划的，不同性质的网站所使用的关键词分类方式也不同。针对于全网关键词，当前普遍采用的分类方式如图4-2 所示。

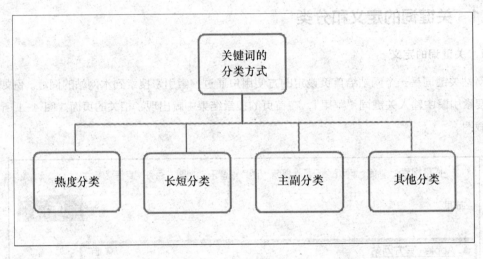

图 4-2　关键词的分类方式

（1）热度分类

关键词的热度主要是指近期的综合搜索量。一般来说，关键词的搜索量越大，代表着热度越高；反之，则热度越低。根据搜索量可以将关键词分为热门关键词、普通关键词和冷门关键词。

① 热门关键词

热门关键词是指近期内搜索量较大的关键词。例如，热播电视剧、当红明星、热门事件等。

通常情况下，这类关键词的竞争非常激烈，许多大型知名网站也会竞争这一部分的关键词。如果通过关键词优化获得比较靠前的位置，网站就能够获得非常可观的流量。

② 冷门关键词

冷门关键词是指搜索量较小的关键词。例如，计算机死机处理方法、软文发布技巧等。

这类关键词的搜索量偏低，但是词量却比较大。根据相关的统计：在网站搜索流量中，冷门关键词所贡献的流量会占到 20% 左右。这部分关键词可能每隔几天才能为网站带来流量，但是如果网站的信息丰富全面，综合下来也可以为网站带来比较可观的流量。

③ 普通关键词

普通关键词是指具有一定搜索量，且搜索量介于热门关键词和冷门关键词之间的关键词。例如，图书出版、卧室装修、钢琴培训等。

这类关键词的竞争不大，并且细分程度高、精确度高、涵盖面广。站长通过优化这类关键词也能够获得大量的流量，因此普通关键词往往是许多网站选择关键词的发力点。

关键词按照热度分类的主要参考依据是搜索量。这就要求网站站长随时关注关键词的搜索量变化情况，通过对关键词的竞争热度分析以及对该关键词的竞争对手分析，调整 SEO 思路，从而制订比较详细的 SEO 实施计划。

（2）长短分类

将所有的关键词按照长短分类可以分成长尾关键词和短尾关键词，而短尾关键词也被称为核心关键词。

长尾关键词是指字数较多、描述具体的关键词，一般由多个关键词组合而成，例如"2016夏新款 韩版 简约宽松 T 恤"。长尾关键词的搜索量虽小，但是综合所有的关键词所获得的流量却很大。站长主要还是应该关注关键词的被收录情况，尽可能使每个关键词都成为流量的入口。

短尾关键词是能直接表现出网站主题的关键词，并且网站的内容也是围绕这些关键词而展开的，一般是 2～4 个字构成的词组。例如，形象设计、时尚彩妆、儿童画具等。这类关键词的竞争比较激烈，但是带来的流量却很大。因此在网站关键词优化过程中尽量避开竞争比较激烈的时间段，找准自身网站优化的黄金时间段，进而提升网站的流量。

（3）主辅分类

主辅分类则是按照关键词的主次顺序进行分类，其中分为主要关键词和辅助关键词。

主要关键词是网站比较难以优化的关键词，这类关键词的搜索量通常都较大，例如考研、招聘、团购等；而辅助关键词则是网站易于优化的关键词，这类关键词的热度普遍偏低，例如北京西城区酒店、南方票务网站、金融服务公司等。

站长应该尽量降低关键词的优化难度，提升工作效率。但前提是务必确保网站的流量，不能一味地降低关键词难度。

（4）其他分类

除了以上 3 种基本分类方法之外，站长还可以采取其他的分类方式。例如，泛关键词、别名关键词、时间关键词、错别关键词、问答关键词等。

通常而言，网站的关键词尽量设置为高搜索量、低竞争度，以在最大程度上提升网站的流量；并且网站中至少应该有 1～3 个核心关键词。此外，核心关键词要符合网站的整体架构，适应网站的中长期发展。

4.1.2 影响关键词优化的因素

站长在掌握关键词的基础知识之后，还需要了解影响关键词优化的因素。那么在本小节中将讲解影响关键词优化的五大因素，如图 4-3 所示。

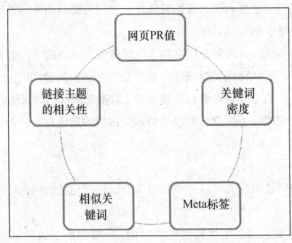

图 4-3　影响关键词优化的因素

1．网页 PR 值

网页排名 PR（Page Rank）又被称为网页级别，是一种由搜索引擎根据网页之间相互的超链接计算的技术，是网页排名的重要因素之一。

网页 PR 值的级别从 1 到 10，10 级为满分。PR 值越高，则表示该网页在搜索排名中的地位越重要。换而言之，在其他条件相同的情况下，PR 值高的网页在搜索引擎的搜索结果中排名有优先权。因此，站长可以通过提升 PR 值来优化关键词的效果。

2．关键词密度

关键词密度也是关键词频率，主要是用来量度关键词在网页上出现的总次数与其他文字的比例。当网页总字符一定时，关键词出现的频率越高，关键词密度也就越大。

例如，某网页共有 200 个字符，关键词是 4 个字符，并且出现了 5 次，那么该关键词的密度则为：4×5/200=10%。

关键词密度是不是越大越好呢？实则不然。在大部分的搜索引擎中，关键词密度在 2%～8% 是一个比较合适的范围，有利于关键词的优化，也不会被搜索引擎判定为堆砌。

3．Meta 标签

在网页中的 HTML 源代码中一个重要的代码，即 Meta 标签。Meta 标签用来描述一个 HTML 网页文档的属性，例如作者、日期和时间、网页描述、关键词、页面刷新等。

在网站关键词优化过程中，合理地利用 Meta 标签的 Description 和 Keywords 属性，添加网站的关键字或者网页的关键字，可提升网站的用户体验。

4．相似关键词

网页中的内容不要仅限于完整匹配的目标关键词，搜索引擎也会寻找同义词来进一步加强页面的主题相关性。因此，在网页中加入相似关键词也是提升关键词优化效果的有效方法。

例如，某书法培训机构在搜索引擎进行关键词优化，主要关键词是书法，相似关键词可设置为书法培训、速成书法、硬笔书法、毛笔书法等。

5．链接主题的相关性

在网页中，链接网页主题的相关性对于目标关键词的优化也是一个很重要的因素。导入的链接来自不同的网站，对于网店的排名具有一定的帮助，但是相关性较强的链接能够直接提升关键词的优化效果，进而提升网站的排名。

以上所述是影响关键词优化的五大因素。站长了解了影响因素之后，在接下来的关键词优化过程中将更加具有针对性，使网站更容易被搜索引擎收录，并在搜索引擎中相关关键词的排名中占据有利的位置。

4.2　关键词的优化策略

一个网站要想实现盈利，就必须具有大量的流量，即网站能够吸引更多的访客。那网站流量从何而来呢？在搜索引擎占据主流的时代，大部分网站的流量都来自搜索引擎。网站要想在搜索引擎上获得流量，就必须有比较靠前的排名，而关键词优化是最重要的方法之一。那么，该如何实现关键词优化呢？实现关键词优化的策略有哪些呢？

4.2.1　关键词的选择原则

作为网站的站长，选择网站的关键词是重要工作之一。网站的关键词代表了网站的类型，但是在实际的 SEO 操作中，很多没有经验的站长往往会根据自身的喜好来选择网站的关键词，从而忽略了用户的习惯和需求。因此，在选择关键词的时候应该慎重，并遵循关键词选择的基本原则。

1．关键词与网站主题要紧密相关

对于任何一个网站来说，关键词都是为网站服务的，所以必须和网站主题紧密相关。

如果所选择的关键词和网站主题无关，即使是热门关键词，也不能够为网站带来流量；即使是访客通过网页对网站进行访问，没有发现有价值的信息，也不会产生转化率。

2．关键词要精准而不能宽泛

越来越多的站长已经意识到 SEO 对于网站排名的重要性，于是在选择关键词的时候，首先想到将公司名称、行业名称作为关键词，进而导致关键词宽泛。例如，某品牌汽车销售公司选择"汽车"作为关键词来进行优化。显然，选择这样宽泛的关键词会严重影响优化的效果。

首先，站长要想将宽泛词优化到首页并长期保持稳定，需要企业投入大量的人力、物力和财力；其次，越是宽泛的关键词，越不能体现和把握用户的搜索目的，其转化率也越低。

总体而言，在关键词的选择方面，应该具有精准性和针对性，能够直接突出网站的主题。例如，某旅行社在进行关键词选择时，完全可以将"昆明最好的旅行社"作为关键词。

3．关键词不要太特殊

在选择关键词方面，很多站长容易陷入极端的处境：要么选择的关键词过于宽泛；要么选择的关键词非常生僻，搜索范围太窄。例如，浙江×××房地产责任有限公司。

除非具有一定知名度的企业，否则很少有用户会搜索这种比较生僻的关键词，也很少会有意向用户去搜索一个公司的全名称来购买这个公司的产品。

4．站在用户的角度思考

很多站长在特定的专业领域做得很细，在选择关键词的时候主要是根据自身的主观想法。这样制定出来的关键词可能会过于专业，不太符合用户的搜索习惯。

站长在选择关键词之初，应该站在用户的角度去思考，借助于网站数据调查，熟悉用户的搜索习惯，最终确定关键词。

5．选择竞争度最小的关键词

互联网中主题相同或者是相似的网站很多，站长应尽量选择搜索量较大、竞争度较小的关键词。竞争度在关键词的选择上非常重要，竞争度越小的关键词，越容易优化，也越容易取得较好的排名。

网站关键词的选择直接影响了优化效果。尤其是到了网站的高速发展期，按照站长主观的思维选择的关键词是不够精准的，还需要对已经选择的关键词进行分类、筛选和修改，以此满足用户的搜索需要，进而提升网站的排名。

4.2.2 关键词竞争程度的判断

站长在选择关键词的时候，最核心的要求就是搜索量大、竞争程度小。搜索量可以直接利用搜索引擎查询，但是竞争程度的判断就相对更加复杂，其中有一些不确定的因素，例如竞争对手的水平。那么，该如何判断关键词的竞争程度呢？

1．搜索结果数

搜索结果数能够直观地反映出关键词的竞争程度。站长通过搜索引擎搜索关键词，页面中会显示该关键词相关页面的总数量，也就是该关键词的所有竞争页面。

搜索结果数是搜索引擎经过计算认为与搜索词匹配的页面数，该数值是核心参考指标之一。表 4-1 所示是搜索结果页面的参考表。

表 4-1 搜索结果数与竞争力度对比表

搜索结果数（万次）	竞争力度
$X < 50$	较小
$50 \leqslant X < 100$	小
$100 \leqslant X < 300$	中等
$300 \leqslant X < 500$	大
$X \geqslant 500$	较大

注：表格中所提供的数据仅仅针对搜索行业的整体趋势，并不包含热门搜索词汇。

2．Intitle 结果数

Intitle 结果数是指标题中所包含的关键词数量。站长可以根据网页标题中包含的关键词网页来判断关键词的竞争情况，返回结果数越大则表示竞争越强。其查询语法为：Intitle：目标关键字。

例如，在百度搜索引擎中分别输入关键词"钟点工""Intitle：钟点工"。图 4-4 和图 4-5 所示是两次搜索返回的结果。

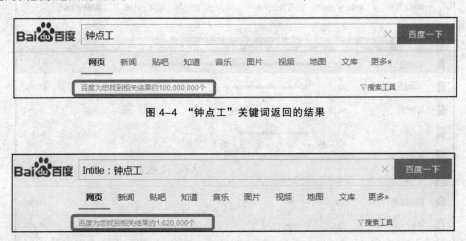

图 4-4　"钟点工"关键词返回的结果

图 4-5　"Intitle：钟点工"关键词返回的结果

从返回的搜索结果数可以很直观地看出：两个关键词的搜索量相差非常大，关键词"钟点工"返回的结果为 1 亿；关键词"Intitle：钟点工"返回的结果则只有 162 万。

因此，如果关键词只出现在结果页面中，但页面标题中并没有出现，则这部分关键词很有可能只是偶然在页面上提到而已，并没有针对关键词进行优化。该页面针对这个特定关键词的竞争实力很低，在进行关键词优化时可直接排除。因此，只有标题中出现的关键词页面才是真正的竞争对手。

3．搜索结果页面包括的广告数量

当用户在搜索引擎中输入关键词，在结果页面中显示"推广链接"时，则说明该网站进行了竞价推广；当结果页面的推广链接越多，则说明该关键词竞争程度越激烈，具体如表 4-2 所示。

表 4-2　推广站点数与竞争力度对比表

推广站点数（个）	竞争力度
$Y=0$	较小
$1 \leqslant X < 3$	小
$3 \leqslant X < 6$	中等
$6 \leqslant X < 10$	大
$X \geqslant 10$	较大

4．搜索指数

关键词的搜索指数是指数化的搜索量，反映了关键词的搜索趋势，不等同于搜索次数。一般来说，关键词的搜索指数越高表示竞争程度越大。

例如，某主营女装的淘宝卖家为了查询关键词的竞争程度，在淘宝排行榜中输入关键词"连衣裙"。图4-6所示是淘宝集市中搜索热门排行前10名的关键词。

排名	关键词	关注指数		升降位次		升降幅度	
1	连衣裙春	3329.5		1	↑	7.1%	↑
2	2016春装新款连衣裙	2647.1		3	↑	17.6%	↑
3	连衣裙女	2562.9		2	↓	15.4%	↓
4	大码连衣裙	2479.1		1	↓	6.7%	↓
5	蕾丝连衣裙	1845.9		1	↑	16.7%	↑
6	连衣裙春秋	1801.6		1	↓	20%	↓
7	春装连衣裙	1734.9		1	↑	12.5%	↑
8	裙子	1714.4		1	↓	14.3%	↓
9	欧洲站2016春装新款	1622.5		0	–	0%	–
10	连衣裙夏	1581.3		1	↑	9.1%	↑

图4-6　关键词搜索指数表

根据搜索指数可以大致将关键词分为3个梯队：第一梯队是以"连衣裙春"为代表，其搜索指数遥遥领先，高达3329.5，幅度上升7.1%；第二梯队则是以"2016春装新款连衣裙"为代表，搜索指数区间为2400~2700；第三梯队以"蕾丝连衣裙"为代表，其搜索指数都在2000以下。

淘宝卖家将关键词按照搜索指数分队处理之后，就能够清楚掌握不同关键词的竞争程度，再结合店铺的实际情况选择合适的关键词制定宝贝的标题。

综上所述，站长主要可以从搜索结果数、Intitle结果数、搜索结果页面包括的广告数量以及搜索指数4个方面来判断关键词的竞争程度，全方位把握用户的实际需求和市场的竞争情况，进而有针对性地进行关键词的优化。

4.2.3　关键词的布局与拓展

关键词合理的结构分布能够提升网站被搜索引擎检索和收录的概率，进而提升网站的排名；而关键词的拓展则是为了获取大量相关度较高的关键词，分布到网站的各个页面中，在最大程度上提升网站的搜索率。在本小节中将为读者讲解如何对关键词进行分布和拓展。

1．关键词的布局

关键词的分布主要是从层次结构和代码布局两个方面来分析。首先，关键词的合理层次结构是核心。许多网站的关键词分布都采用金字塔结构，具体如图 4-7 所示。

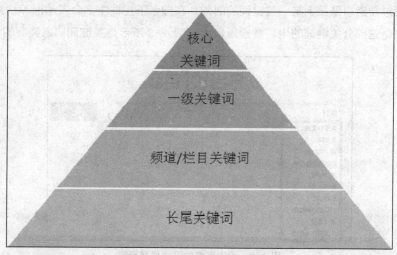

图 4-7　关键词的金字塔结构分布

在网站中，首页的权重比较高，核心关键词常常位于塔顶层，利用首页对关键词进行优化，但是由于位置有限，核心关键词的数量通常是 2～3 个比较合适；一级关键词处于塔身位置，数量可以设置多个；频道/栏目关键词往往位于一级关键词之后，主要用于强调网站的性质和用途；而长尾关键词则放置于塔底层，也就是产品页或者文章内容页，网站的很大一部分流量来自于长尾关键词，站长做好长尾关键词的优化也是提升网站流量的方法之一。

2．关键词代码的布局

除了关键词的布局之外，关键词代码的布局对于网站也有着举足轻重的影响。其具体的布局要求如下。

① 网页标题标签：<title>网页标题内容，标题里面可尽量带关键词标签（不超过 30 个字）title>。

② 网页关键词标签：<metaname="keywords"content="关键词内容，建议根据标题来，最好在 3～5 个字符/>。

③ 网页描述标签：<metaname="description"content="描述内容，要与页面内容相匹配，不超过 100 字符/>。

站长根据自己的需求可以在 body 标签里使用标题标签、水平线标签、链接标签、图像标签、表格标签等进行任意组合，编排出最符合网站风格的界面。通常情况下，网站页面布局最好是 F 型或者扁平结构，不仅能体现出核心关键词板块，且符合用户的浏览习惯。

3．关键词的拓展

关键词是一个网站的灵魂，站长如果没有做好关键词的拓展，即使是热门关键词也无法拥有较理想的排名，也就很难获取精准的流量。因此，关键词的拓展对于网站的重要性自然是不言而喻。接下来将以百度搜索引擎为例，为站长讲解基础关键词的拓展方法。

（1）搜索引擎下拉框

当用户通过搜索引擎搜索某一关键词的时候，在搜索下拉框中都会自动推荐相关的搜索词，其推荐依据就是这部分关键词的用户搜索量较大。图 4-8 所示是关键词“家装”的拓展词。

Bai du 百度
家装
百度一下
家装效果图
家装网
家装预算表
家装壁纸效果图
家装设计
家装公司
家装e站
家装设计师培训
家装监理
家装设计效果图

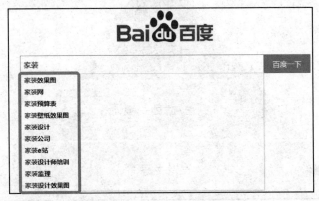

图 4-8　搜索引擎的下拉框拓展词

（2）搜索引擎的相关搜索

用户在搜索某一关键词的时候，在搜索结果页面中都会出现一个“相关搜索”板块，这些关键词都是用户近期内经常搜索并且和该关键词相关性较大的拓展词，如图 4-9 所示。

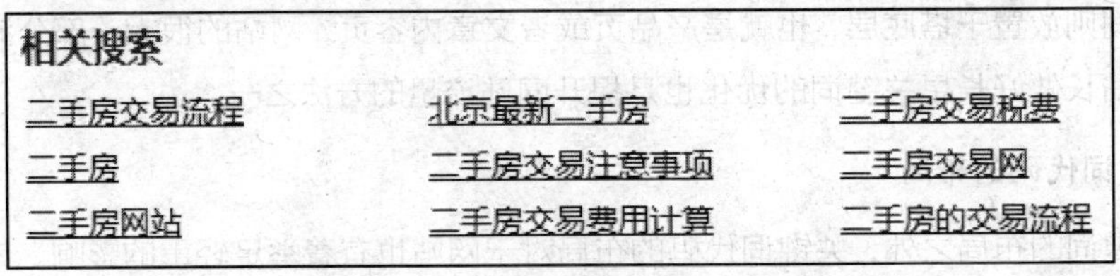

相关搜索
二手房交易流程
北京最新二手房
二手房交易税费
二手房
二手房交易注意事项
二手房交易网
二手房网站
二手房交易费用计算
二手房的交易流程

图 4-9　搜索引擎的相关搜索拓展词

（3）百度指数

百度指数反映了某个关键词在百度平台的搜索规模，站长可以在需求图谱中查看相关词分类来拓展关键词。图 4-10 所示是液晶电视的拓展词。

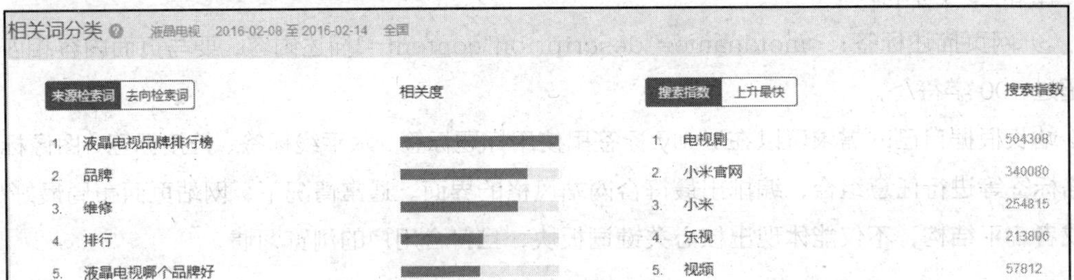

相关词分类
液晶电视　2016-02-08 至 2016-02-14　全国
来源检索词
去向检索词
相关度
搜索指数
上升最快
搜索指数
1. 液晶电视品牌排行榜
2. 品牌
3. 维修
4. 排行
5. 液晶电视哪个品牌好
6. 液晶电视哪个牌子好
7. 液晶电视维修
8. 4k
9. 液晶显示屏
10. 创维
1. 电视剧　504308
2. 小米官网　340080
3. 小米　254815
4. 乐视　213806
5. 视频　57812
6. 索尼　19496
7. 乐视tv　18481
8. wifi　14380
9. 网络电视　9447
10. 索尼电视　8168

图 4-10　百度指数的相关词分类

（4）其他拓展方法

除了上述方法，站长还可使用追词工具拓展关键词，例如追词助手。当输入关键词的时候，系统会自动推荐关联度很高的关键词，包括了各大搜索引擎的相关词。

此外，查看同行的网站关键词是比较有效的方法。站长直接在搜索引擎中输入行业关键词，查看排名比较靠前的同行网站设置的关键词，如果适合自身网站的定位，则可以直接学习和借鉴同行做得好的地方。

关键词的分布和拓展也是关键词 SEO 的重点内容。关键词的分布影响了搜索引擎的收录，合理的关键词布局结构能够为网站带来大量精准的流量，提升网站的潜在成交客户；站长只进行关键词的研究是远远不够的，必须进行一系列的挖掘拓展，充实关键词库，才能为关键词的优化提供大量的关联词汇，以确保关键词优化的效果。

4.3　关键词优化效果评估

关键词优化对于网站的重要性已经不言而喻，但是关键词优化又比较特殊，其特殊性在于效果的评估。关键词优化效果评估的切入点在于评估指标。那么，站长该以哪些参考指标为依据来评估关键词的优化效果呢？在本节中将一一为读者讲解，而关于获取数据指标的工具则会在本书的第 9 章详细介绍，故此处不再赘述。

4.3.1　关键词的质量度

关键词的质量度是反映用户对参与推广的关键词以及关键词创意的认可程度。关键词的质量度分类主要是根据搜索引擎披露的信息和工具来定位关键词的质量状态，确定关键词是否需要优化。一般来说，关键词的质量度可能呈现出如图 4-11 所示状态。

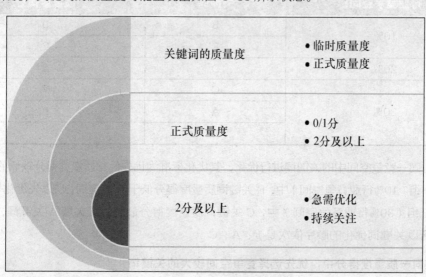

关键词的质量度	• 临时质量度 • 正式质量度
正式质量度	• 0/1分 • 2分及以上
2分及以上	• 急需优化 • 持续关注

图 4-11　关键词质量度呈现的状态

质量度主要分为两种，分别是临时质量度和正式质量度。临时质量度是指新提交、新修改的关键词，系统会赋予临时质量度。临时质量度是不稳定的，在积累一定数据后会变为正式质量度。

如果关键词的质量为正式质量度，则需要关注关键词的质量度得分。质量度得分越高，优化空间越小，优化难度也越大；相反的，质量度得分越低，优化空间越大，而优化难度也越小。因此，站长需要重点关注关键词的质量度得分，以较低的推广成本赢取更大的推广效益。

例如，现有 A、B、C、D、E、F 六个关键词，其中关键词 A 的质量度得分为 6 分，在行业竞争指标中有 30% 的客户分布在 7 分、8 分、9 分和 10 分中。所以，A 关键词的行业竞争空间为 30%；同理，也可计算出关键词 B、C、D、E、F 的行业竞争空间，具体如表 4-3 所示。

表 4-3　关键词质量度得分的竞争空间

关键词	质量度得分	行业竞争空间
A	6	30%
B	9	10%
C	7	30%
D	8	20%
E	7	10%
F	5	30%

1．在同一竞争空间中，优先优化质量度得分较低的关键词

引用表 4-3 所述范例数据，站长首先对所有关键词进行分组，其分组依据是处于同一竞争空间中的关键词。具体分组情况如表 4-4 所示。

表 4-4　质量度得分分级排列

行业竞争空间	关键词	质量度得分
10%	B	9
	E	7
20%	D	8
30%	C	7
	A	6
	F	5

站长对同一竞争空间中的关键词进行优化，其优化标准为优先优化质量度得分较低的关键词。

在第一组（10% 行业竞争空间）中，E 关键词质量度得分低于 B 关键词，所以先优化 E 关键词。

在第三组（30% 行业竞争空间）中，C 关键词质量度得分最高，其次是 A 关键词，最后是 F 关键词，所以关键词优化的顺序依次是 F、A、C。

2．在同一质量度得分中，优先选择竞争空间较大的关键词

引用表 4-3 所述范例数据，站长对关键词质量度得分进行分组，其分组依据是按照同一级质量得分的关键词。具体分组情况如表 4-5 所示。

表 4-5　质量度得分分级排列

质量度得分	关键词	行业竞争空间
9	B	10%
8	D	20%
7	C	30%
	E	10%
6	A	30%
5	F	30%

在同一质量度得分的情况下，行业竞争空间大，说明自身的竞争实力不足，建议站长先对关键词进行优化，以提升关键词的竞争实力。因此，在第三组（质量度得分为 7 分）中，优先选择 C 关键词。

综上所述，关键词质量度得分的提升可以从行业竞争空间和质量度得分两个维度来完成。在行业竞争空间相同的前提下，优先选择质量度得分较低的关键词进行优化；在质量度得分相同的情况下，则首先选择行业竞争空间较大的关键词进行优化。

4.3.2　搜索蜘蛛抓取量

搜索蜘蛛抓取量是指蜘蛛对网站访问的过程中抓取的记录数量。蜘蛛作为独立用户端，访问服务器都会留下痕迹。因此，站长需要对其进行分析，如果网站搜索蜘蛛数量增加，则说明网站优化取得了较明显的效果，一旦蜘蛛数量减少，更需要查找和分析原因，并且及时进行优化。

对于站长而言，每天蜘蛛的抓取量，都必须有详细的记载。图 4-12 所示是某站长统计最近 7 天的蜘蛛抓取量。

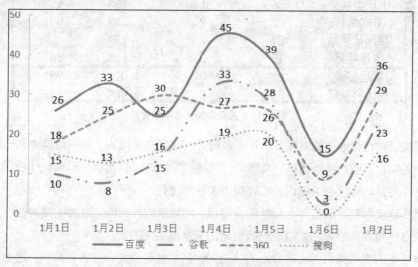

图 4-12　搜索蜘蛛抓取的数量统计

从图 4-12 中可以很直观地看出：最近 7 天内，搜索蜘蛛的整体变化趋势较大，在 1 月 4 日各大搜索蜘蛛的抓取量达到峰值；在 1 月 6 日抓取量呈现出直线下降趋势，达到谷值；在 1 月 7 日抓取量又开始回升。

由于搜索蜘蛛的抓取量直接决定了网站的被检索和收录，所以站长需要统计搜索蜘蛛的抓取量，根据统计数据把握网站的平均水准，并且以此为参考标准，分析抓取量增长的原因，优化并且继续保持；当抓取量低于平均水平时，更需要分析原因，及时优化，以提升网站被搜索蜘蛛的检索率。

4.3.3 关键词的排名

关键词的排名是指通过各种搜索引擎优化的方式，提升网站关键词在搜索引擎中的排名。该数据指标是检测关键词优化效果最直接的指标，在本小节中将讲解如何评估关键词排名。

例如，某装修网站站长以展现量、点击量、点击率和排名等数据指标对关键词的优化效果进行统计。统计完成之后，在 Excel 中以关键词排名为参考点，按照排名的升序进行排列，具体如图 4-13 所示。

关键词	展现量	点击量	点击率	排名
装修预算	135	63	46.67%	15
装修报价明细	189	76	40.21%	16
装修公司 北京	53	12	22.64%	35
家装样板间	269	63	23.42%	56
装修设计	82	8	9.76%	69
出租型装修	49	3	6.12%	82
欧式家装	40	5	12.50%	94
卧室设计	79	15	18.99%	102
简约风格装修	68	4	5.88%	107
小户型装修	56	1	1.79%	438
室内装修	62	2	3.23%	501
客厅背景墙	64	2	3.13%	539
客厅装修	49	3	6.12%	569
精品整装	25	0	0.00%	781
家居彩装膜	35	0	0.00%	936

图 4-13　关键词的点击率和排名

在分析关键词优化效果的时候，站长可着重关注这三类关键词：第一类是排名比较靠前且点击率较高的关键词，例如装修预算、装修报价明细、"装修公司 北京"和家装样板间。这类关键词通常都是作为网站的核心关键词，需要重点关注和优化。

第二类是点击率不高但是排名靠前的关键词，例如家装样板间。这类关键词往往因为权重较高而能够获得比较靠前的排名，也是应该引起站长重点关注的。

第三类是点击率和排名都比较靠后的关键词，例如精品整装、家居彩装膜，这类关键词是需要立刻替换的。

综上所述，关键词的优化效果主要从关键词的质量度、搜索蜘蛛抓取量和关键词的排名 3 个指标来考量，全方位地衡量网站关键词的优化情况，不断提升网站访问者的数量，吸引更多的目标访客，进而实现网站的营销推广。

此外，关键词的排名还会受到时间的影响。在不同的时间段中，用户的需求不同，同一关键词的搜索指数也会不同。

例如，某中小学教育培训网站的站长在百度指数中查看关键词"小升初"的搜索趋势。图4-14 所示是"小升初"在最近半年的搜索趋势，

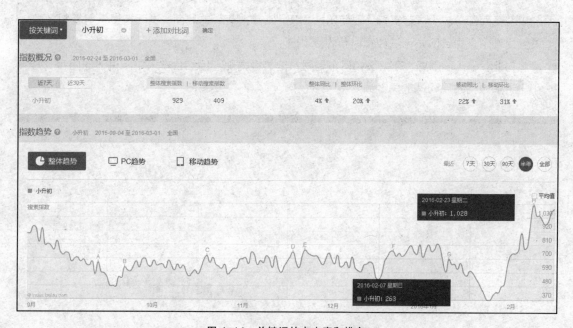

图 4-14　关键词的点击率和排名

从最近半年的搜索指数可以很直观地看出：从 2015 年 5 月到 2016 年 2 月，该关键词搜索指数的变化趋势不大，说明用户的需求在该时间段内相对平稳。因此，网站的关键词优化力度可根据市场的需求来调整。

在 2016 年 2 月 7 日的搜索指数为 263，达到谷值；此后，搜索指数呈直线上升的趋势，并且在 2016 年 2 月 23 日达到近半年的峰值。在短时间内，关键词搜索指数的变化很大，说明在这段时间内的用户需求较大，网站站长需要加大关键词的优化力度，抢占市场先机。

网站关键词优化效果的评估也需要充分结合市场的需求。当用户的需求较稳定时，站长需要做好网站的日常维护与优化，保证网站的访问量；当用户的需求下降时，站长除了要做好网站的基本管理外，还需要加大站外的推广，吸引潜在的访客；当用户的需求激增时，站长首先要分析市场的竞争程度，选择竞争对手最薄弱的环节作为切入点，避免恶性竞争，同时加大站内关键词的优化和站外的链接推广，必要的时候还可以考虑采用关键词竞价，使网站排名更加靠前。

　　小王是某电子商务公司的网站管理员。由于网站在各大搜索引擎的排名比较靠后，因此领导要求小王对网站进行搜索引擎优化，以提升网站的排名。

　　根据积累的网站优化经验，小王首先从网站的关键词入手。为了提升网站被搜索引擎检索和收录的概率，他直接在网站的标题、描述、关键词标签中集中强调关键词，但是在网站的内容页面部分缺少内容支撑，致使网站出现"头重脚轻"的局面，进而被搜索引擎判定为关键词堆砌，导致网站无法被索引和收录。

　　为此，小王很困惑，究竟该如何布局网站的关键词呢？请结合本章中所讲述的内容，为小王讲解如何布局网站的关键词。

05 第5章
网站主题模型的优化

本章简介

如今，SEO 已经进入全新的算法时代。搜索引擎从内容情景、内容实体属性来处理排名，使得用户可得到更加精准的搜索结果。对于网站站长而言，网站的优化已经不再是简单地更新新闻信息、上传图片了。因此，网站的主题内容需要重新定义。

在本章中，将主要讲解网站主题模型的定义和作用以及站长该从哪些方面对主题模型进行优化。

学习目标

1. 了解网站主题模型的定义和工作原理；
2. 掌握网站主题模型的优化方法。

5.1 走进网站主题模型

网站站长在优化网站主题时所使用的方法比较多，例如控制文章字数、文章内容是否为原创、网站图片的美观程度、关键词的匹配度等。但是从实际的优化效果来看，这些方法只是属于入门级别的优化，无法深层次地对网站进行优化。那么，站长该如何对网站进行深层次的优化呢？在本节中将逐一为读者讲解。

5.1.1 什么是网站主题模型

网站主题模型，顾名思义，是指网站页面内容中隐含主题的一种建模方法。在主题模型中，主题是指一个概念，一个方面，表现为一系列相关的关键词。形象地说，主题相当于一个"桶"，里面装了大量高频率的关键词，这些关键词与该主题有很紧密的关联，具体如图 5-1 所示。

图 5-1　主题模型

图 5-2 所示是某大型电子商务网站的一篇文章，文章中"阿里巴巴""马云""网店创业""电子商务"等关键词的出现频率就非常高，则大致可以推断出该文章的主体是淘宝网。

马云向创业者敞开心扉："用心、用脑、用体力"做生意
此帖于 2015-07-02 21:03 被编辑

阿里巴巴集团董事局主席马云用手机"戳了45分钟"与创业者交流如何"用心、用脑、用体力"做生意。马云这篇发布在来往扎堆里的文章以淘宝网为例，向广大创业者分享了自己如何在电商领域做生意的宝贵经验。

在马云看来，"用心、用脑、用体力"是做生意的三大要素。未来三十年是电子商务真正的发展时期，要通过独特的产品和服务，找到自己的"知己"即客户，在做生意中享受独特的快乐。

7月2日，马云有感近日在巴西期间和各国创业者交流，回国途中写下了题为《送给那些在艰难创业路上的人》文章，敞开心扉向创业者们介绍自己数十年的商业经验。

首先，对于最近有人经常问"现在生意越来越难做，今天上淘宝去开店还有机会赚钱吗"马云作出回应：做生意从来没有容易过，说生意好做的人基本是吹牛，任何时代做生意都是要冒风险的。他认为，十多年来，那些想通过开网店迅速致富的人基本都失败和放弃了；而那些坚持把开店当乐趣、和人沟通交流的人却基本上成功了，从一个人开店到雇佣几十个上百个员工的商家比比皆是。

图 5-2　主题模型的判断

在搜索引擎对网页进行检索的过程中，搜索蜘蛛可以直接根据网站文章内容中的关键词频率推断出该网页的主题。通常情况下，与主题关系越密切的关键词，出现的频率就越大。

在初步了解了主题的概念之后，读者不禁要问，到底该如何才能得到这些主题呢？对于网站文章中的主题又是如何分析的呢？这些问题正是主题模型需要解决的，接下来就介绍一下主题模型的工作原理。

主题模型可以采用生成模型来看待文档和主题，而生成模型是指一篇文章中的任何一个词都是通过一定概率来选择某个主题，并从这个主题中以一定概率选择某个关键词的过程得到的。它里面的每个关键词出现的概率如下所示。

为了更加形象化地理解概率的计算公式，也可以利用矩阵来表示，具体如图 5-3 所示。

图 5-3　矩阵主题模型

其中 C 矩阵表示每个文档中关键词出现的频率；Φ 矩阵表示每个主题中关键词出现的频率；Θ 矩阵则表示每个文档中主题出现的频率。

在网页中，首先对所有的文档件分词，得到一个词汇列表，这样每篇文档就可以表示为一类关键词的集合；接着计算出每个文档中关键词的频率，则可以计算出 C 矩阵。

因此，对于任意一篇文档，C 矩阵是已知的，Φ 和 Θ 矩阵是未知的，而主题模型的运用就是根据 C 矩阵进行系列的训练和运算，推理出 Φ 和 Θ 矩阵。

主题模型是对隐藏在主题中的关键词进行建模的一种方法。它克服了传统信息检索中文档相似度计算方法的缺点，能够从海量的互联网数据中自动寻找出文字间的意义主题。

5.1.2　网站主题模型的作用

传统的判断文档的关联度只是通过查看文档共同出现的关键词的数量，很有可能在文档中出现的共同关键词很少，甚至没有。但是实际上，文档却又是关联的。

因此，文档之间的关联度不仅仅取决于字面上关键词的重复度，还取决于关键词背后的语义关联。而主题模型对关键词语义关联的挖掘，可以让搜索更加智能化。那么，网站主题模型对于网站建设到底有什么作用呢？

1. 衡量文档之间的语义相似性

对于网站中的任意一篇文档，计算出的主题分布都可以看作是语义相似度的一个抽象表示。而对于概率分布，则可以通过一些距离公式来计算出文档的语义距离，进而得到文档之间的相似度。

2. 解决一词多义的问题

在网站的优化过程中，站长经常会遇到这样的问题：同一个关键词，却有多个不同的含义，直接影响到网站的优化效果。

例如，用户在搜索引擎中输入关键词"杜鹃"，可能是指花卉主题中的杜鹃花，也可能是指鸟类动物主题中的杜鹃鸟。如果根据传统的计算方法，则很难判断出用户的真实需求。

站长利用主题模型计算出的 C 矩阵概率分布，则可以大致推算出关键词"杜鹃"属于哪些主题；再根据主题的匹配程度来计算出关键词与其他文字之间的相似度，完美地解决了一词多义对网站优化的干扰。

3. 排除文档中的噪声干扰

站长要提升网站的排名，必须将网站中的核心主题提交给搜索引擎。通常情况下，在一篇文档中，噪声往往处于次要主题中。因此，站长只需要保持文档中最核心的主题即可。

4. 全自动化操作

主题模型是无监督、全自动化的操作模式。站长只需要提供训练文档，它就可以自动训练出不同矩阵的概率，且操作过程中不需要任何人工的标注过程。

综上所述，主题模型是一种能够充分挖掘关键词背后隐藏关联的利器，语义分析的技术正在逐步深入搜索引擎优化的各个环节中去。而站在通过利用主题模型对网站进行优化的角度，可精准把握用户的实际需求，进而有效地提升网站的访问量。

5.2 网站主题模型的优化方法

网站的主体模型是为了让搜索引擎正确地理解整个网页的核心主题，进而检索和收录。在网页中包含了大量的信息，部分信息是有用的，而部分信息则是冗杂的，站长只有将核心的信息传递给搜索引擎才能获得比较靠前的排名。因此，站长就需要对网站主题模型进行优化，具体流程如图 5-4 所示。

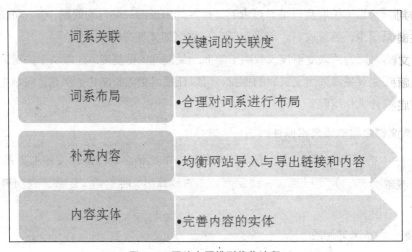

词系关联 • 关键词的关联度

词系布局 • 合理对词系进行布局

补充内容 • 均衡网站导入与导出链接和内容

内容实体 • 完善内容的实体

图 5-4　网站主题模型优化流程

5.2.1 打造关键词的关联度

不管采用什么方法优化页面内容，都一定要让关键词与内容之间产生关联。作为网站的管理人员，站长优化的网页内容将直接影响到搜索引擎对主题的理解。

当站长在优化网站关键词的时候，搜索引擎会根据其他的数据资源来关联网站内容，进而产生内容实体。因此，站长首先需要通过研究关键词来找到关键词的其他关联词，具体要求如图 5-5 所示。

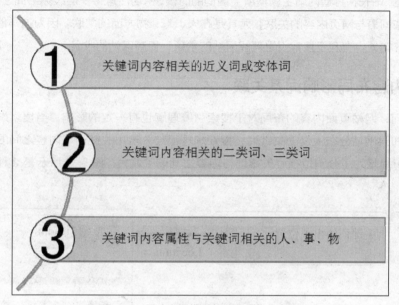

图 5-5　网站主题模型关键词的优化步骤

例如，某园林景观网站的站长想要优化关键词"盆栽"，那么就应该按照主题模型的关键词的优化要求开始执行。首先，关联和关键词相关的近义词；其次，关联与关键词相关的二、三类词汇；最后，关联与关键词相关的人、事、物，具体如图 5-6 所示。

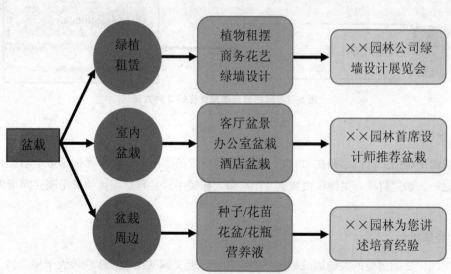

图 5-6　网站主题模型关键词的优化实例

根据图 5-6 所述案例来分析，在第一个步骤中，关键词"盆栽"经过关联得到"绿植租赁""室内盆栽""盆栽周边"等关键词，3 个关键词代表了公司的主要业务，分别是绿植租赁设计、室内盆栽销售以及盆栽周边商品销售；在第二个步骤中，对二、三级近义词进行详细的说明，即介绍公司的主要商品和服务，例如承接绿墙设计、出售办公室盆栽、花卉种子；在第三个步骤中，主要是介绍网站的页面，也就是网站的内容页面，包括公司的成功案例、爆款商品和种植经验。

综上所述，站长在打造网站主题模型关键词的时候，密切注意每一层级关键词之间的关联度，尽量创造这些词语与网页内容的关联，尤其是在人、事、物方面的关联。因为这样能够帮助搜索引擎建立内容实体，有利于搜索引擎理解网站的主题、提高网站的收录。

5.2.2 内容布局影响词系关联

毫无疑问，网站页面内容的布局对于搜索引擎理解也有一定的影响。当搜索蜘蛛在页面检索的时候，如果网站分布大量的关键词，搜索蜘蛛很难分辨出关键词与内容之间的关联型。因此，词系的布局是为了分清楚核心关键词与内容之间的关联性。图 5-7 所示是 3 种常用的实操优化方法。

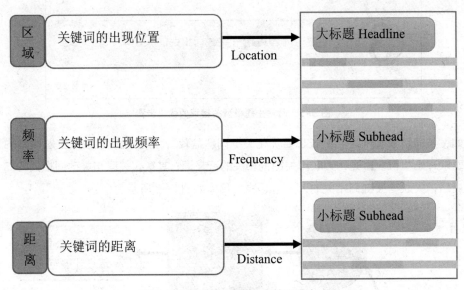

图 5-7 网站内容布局优化的 3 种方法

1. 区域优化

区域优化是指关键词必须在 Title、大标题和主段落中出现。区域优化是每个站长必修的优化项目之一，通过将核心关键词放置到 Title 和大标题中，并且尽可能使其出现在网页内容的最上端。

2. 频率优化

频率优化是指重要的关键词或是它们的变体词、近义词的出现频率应该大于平均值。这里的频率优化并不仅仅是指关键词的出现频率，而是更为复杂一层的联动频率，即核心词的近义词和变体词的频率。在同等的条件下，一部分冷门的同义词和变体词的效果更好。

3．距离优化

距离优化是指相关联的词汇、短语、段落应该相互靠近，或是采用 HTML 元素。为了提升内容中语境关联，站长应该把内容通过段落、列表区分得更加明显，使用户一看就大致清楚段落所讲述的内容，确保搜索蜘蛛对网页的抓取和检索。

结合图 5-6 所讲述的案例，为了提升网站的核心关键词"盆栽"的检索率，站长需要将二、三类词组合到不同的段落中。那么，第一段就围绕公司的服务来展开；第二段重点讲述公司的产品；第三段则介绍公司产品的周边产品。经过关键词的逐层铺垫，最后所形成的网页就是一个有词系关联的内容，极大地提升了搜索蜘蛛的检索率。

5.2.3　均衡导入导出链接和补充内容

在很多站长看来，众多的 SEO 优化方法中，外链一直被公认为是效果最好、最稳定的一种优化操作。尽管外链能够为网站带来一定的流量，但是流量的种类较杂，甚至包括很多垃圾流量，这对网站优化起到了极大的反作用。

通常情况下，一个健康的网站流量是有进有出的。因此，外链并不是判断内容主题的唯一因素，而是均衡导入导出链接和补充内容。

需要指出的是，搜索引擎也希望网站可以同时使用内链和外链，给好的第三方网站进行主动的推荐，给相关的站内内容做引导，这样用户才能获取到更多、更好的信息。如图 5-8 所示，在图中用红色边框标识出来的是在该网页的导出链接。除了文字链接，还有图文结合的出站链接，这些链接和本网页在内容上也有很强的相关性。

图 5-8　网站的导出链接

除了导出的链接，还有站内的内容引导，如图 5-9 所示，会有"看过本文的人还看过"这样的提示。这样做的好处是一方面可以提示浏览者本网站内容涵盖众多，另一方面还可以给有继续浏览意愿的用户提供引导。

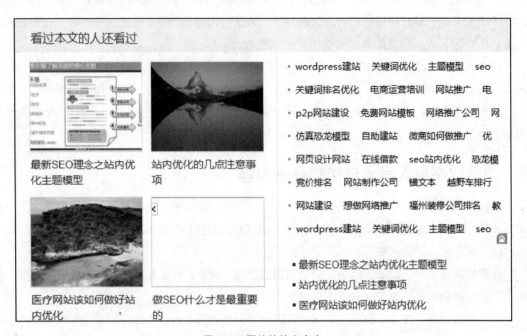

图 5-9　网站的补充内容

网站的导入链接和导出链接是为了保证流量的健康，而网站的补充内容能够为用户提供更加全面的信息，吸引用户对网站进行更深层次的访问，同时也达到了网站页面主题深化的目的。通常情况下，网站的补充内容主要位于网站的底部，建议站长将补充内容设置为站内链接。

5.2.4　建立和完善内容实体

很多站长都习惯用关键词来定义 SEO，在实际的操作中，站长大多会采用以外链主导的链本位 SEO，导致网站的搜索结果排名非常靠后，搜索精准度较差；并且随着搜索引擎的算法升级，以链本位为核心的网站也陆续被降权，而基于内容实体的网站优化则可以完美地解决这个问题。

内容实体是指搜索引擎的蜘蛛爬虫在抓取页面的时候自动解读的网页信息，并且通过一定的逻辑关系来确定信息之间的关联。因此，内容实体也被称为"内容属性"。图 5-10 所示是蜘蛛爬虫在解读网页信息的过程。

搜索蜘蛛在网页中检索到大量的关键词，例如网络营销、外包 SEO 优化、关键词优化；并且通过计算关键词之间的关联度，按照一定的逻辑顺序进行关联，最终解读出网页的信息。

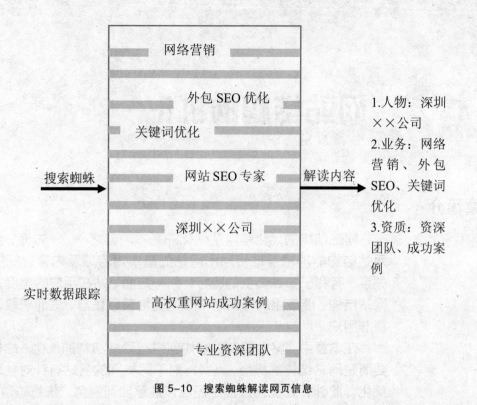

图 5-10　搜索蜘蛛解读网页信息

在搜索引擎中储存着大量页面数据，可以清晰地对比出每个实体的关联性。以内容实体为主导的网站优化的精准度较高，用户体验较佳，极大地提升了网站的优化效果。

如果网页的信息量较少，网站的权重较低，搜索引擎可能无法精准地解读出内容实体。那么，站长就应该通过增加网页核心关键词来帮助搜索引擎理解网页的内容实体。

实战演练

小张是某高校计算机科学与应用专业的应届毕业生，为了保证专业的对口，小张准备应聘网站管理、SEO 专员之类的职位。

在他看来，网站的管理和优化不外乎就是编辑新闻、上传图片、发送外链等相关工作。因此，他没有准备充分就去参加公司的面试。在面试的时候，公司 HR 问他："网站主题模型的优化方法有哪些？"

小张不禁傻眼了，自己连网站主题模型的含义都不知道，更别说网站主题模型的优化方法了。意料之中，小张最终没有通过公司的面试。

请结合本章中所讲述的内容，为小张讲解网站主题模型的含义，并告诉他该从哪些方面来优化网站的主题模型。

61

06 第6章

网站结构的优化

本章简介

网站结构的优化是网站优化的基本内容之一。一方面，合理的网站结构能够精准地传递出网站的基本内容以及内容之间的逻辑关系，有利于蜘蛛爬虫的爬行；另一方面，站在用户的角度去优化网站结构，能使用户在网站中更快速地获取信息，进而获取更多的精准用户。

在本章中，将为读者讲解如何进行网站结构的优化。站长首先要清楚网站结构的类型，其次针对不同类别的网站有针对性地进行优化。此外，在优化过程中还应该注意如何避免"蜘蛛陷阱"。

学习目标

1. 了解网站结构的类型；
2. 熟悉不同类型的网站结构的优化方法和技巧；
3. 掌握避免"蜘蛛陷阱"的方法。

6.1　网站结构的类别

网站结构，即网站页面之间的关系。网站结构的优化主要是为了搜索引擎抓取和收录页面，实现页面权重的合理分配；同时也为用户提供了良好的用户体验，帮助用户快速查询到需要的信息。

由此可见，网站结构的优化也是影响网站 SEO 的重要因素之一。而不同行业领域的网站结构也大相径庭。所以，站长在执行网站结构优化之前需要先了解网站结构的分类。那么，网站结构到底分为哪几类呢？

6.1.1　物理结构

物理结构是指网站目录、包含文件所存储的真实位置所表现出来的结构，其结构示意图如图6-1 所示。

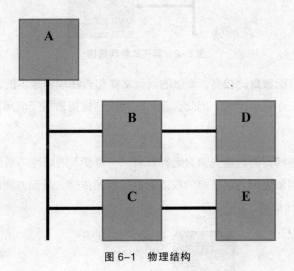

图 6-1　物理结构

根据图 6-1 可知：当用户访问 A 网站的时候，首先来到网站的首页，首页下面会有很多的分目录，比如 B 和 C，并且每个目录中会有对应的网页，例如 D 和 E。最终，用户通过目录导航对不同的网页进行访问。

一般情况下，物理结构包含两种不同的表现形式，分别是扁平式物理结构和树形物理结构。

1. 扁平式物理结构

扁平式物理结构是指网站的所有页面根据目录形成一个扁平的结构，结构层次多，搜索蜘蛛的检索效率高，只需要一次访问就能遍历网站的所有页面，有利于网站的检索和排名。图 6-2 所示是扁平式物理结构。

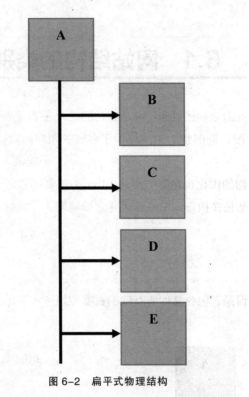

图 6-2　扁平式物理结构

　　然而如果网站的页面数量比较多，大量的网页文件都放在根目录下的话，就会使得网站难以组织，查找和维护的工作开展困难。因此，扁平式物理结构更适用于简单的垂直的中小型网站。

2．树形物理结构

　　树形物理结构是指网页的数据元素之间存在着"一对多"的属性关系结构。树形数据结构清晰，识别度高，搜索引擎处理内部链接的权重会更加容易传递，从而方便站长进行管理和维护。图 6-3 所示是树形物理结构。

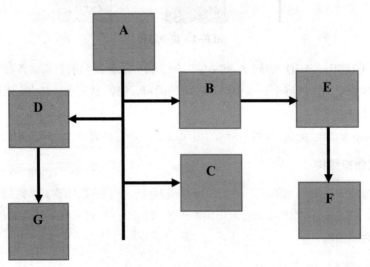

图 6-3　树形物理结构

然而随着树层次的加深，搜索蜘蛛的收录速度将下降；且过于密集的网站结构也会导致网站混乱、链接复杂，严重影响到搜索蜘蛛的工作效率。因此，树形物理结构网站的栏目组织和链接优化是至关重要的，这种结构更加适合内容类别多、内容量大的综合性网站。

综上所述，网站按照物理结构来组织栏目和频道，再通过良好的网站导航和内链将不同的栏目和专题以及页面串联起来，使网站的层次均匀、结构清晰、密度合适、宽窄合理。至于网站该使用扁平式物理结构还是树形物理结构，这就需要站长根据不同网站的实际情况来决定了。

6.1.2 内链结构

内链结构是网页之间的枢纽管道，其结构示意图如图 6-4 所示。当站长将网站页面上传到主机端之后，用户在用户端或者是前端所浏览到的页面就是传上去的页面所展示出来的内容。这样的网页内容可以根据不同级别下的页面进行链接贯通，因此内链结构的实质就是网页的枢纽。

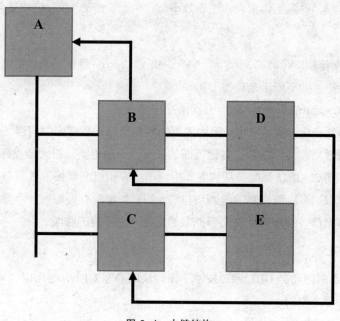

图 6-4 内链结构

根据图 6-4 可知：B 栏目下面有一个 D 网页，从网站的物理结构来讲，D 页面位于 B 栏目之下，但是 D 页面的内容里只要有一个内链结构，就会通向 C 栏目，这样的一个结构就可以被看作是内链结构。

内链结构决定了搜索蜘蛛的爬行路线。换而言之，网站的内部链接对于 SEO 的影响更重要。首先，只有当网站的内链形成了一定的套路，搜索蜘蛛才可以根据网站的内部链接去抓取和收录网页。

6.1.3 URL 结构

URL（Uniform Resource Locator）是统一资源定位符的缩写，代表着一个网页在互联网上的唯一地址，可供用户获取特定的网络资源。同理，URL 结构则是指网站访问地址的结构。一般而言，URL 结构分为静态 URL、动态 URL、伪静态 URL 3 种，下面将分别介绍。

1．静态 URL

静态 URL 是指链接中不带有"？""=""&""php""asp"等字符。换而言之，静态 URL 就是不带任何参数的 URL，通常以 htm、html、shtml 和 xml 为后缀。如下所示就是静态 URL。

http://www.example.com/123.html

静态 URL 的最大优势在于访问速度快，用户体验好，因为真实存在的物理路径下的文件和页面，搜索蜘蛛更加容易爬行，有利于网站被搜索蜘蛛检索和收录。

由于静态 URL 并没有存储在数据库中，而是都存储在 HTML 中，因此需要占用一定的空间内存。静态 URL 的维护也是极其不方便的，每个页面都需要人工检查，如果网站链接出现错误就需要人工逐一排查，导致工作量大、工作效率低。因此，静态 URL 结构适合小型网站。

2．动态 URL

动态 URL 是指链接中带有"？""=""&"".php""asp"等字符，通常以 aspx、asp、jsp、php、perl 等为后缀。如下所示是动态 URL。

http://www.example.com/kaishu.php?id=12

动态 URL 的空间使用量非常小。因为网页的数据直接从数据库中调用，如果需要更改某项参数，只需要更改数据库中的参数，其他页面的参数会自动更新，极大地提升了工作效率。

然而用户访问动态 URL 都需要从数据库中调用内容和页面模板，进而造成访问速度较慢。如果网站的访问人数过多，数据库的压力是非常大的；如果没有处理好，将会产生漫长的等待过程。同时对服务器宽带、搜索引擎的爬行抓取都将会产生不良的影响。

3．伪静态 URL

伪静态 URL 是指把动态 URL 通过技术手段转换成静态 URL，通常以"+""/"等字符为后缀。如下所示是伪静态 URL。

http://www.example.com/*/

伪静态 URL 是比较常见的网页存在形式。从表面上看，伪静态 URL 和静态 URL 完全一样，但实际上 URL 对应的文件是不存在的，主要是利用技术手段实现的。

伪静态结构对于网站 SEO 的意义重大。静态 URL 页面空间的存储量大，删除或者是更新 HTML 文件时会产生大量的碎片，从而破坏磁盘。而伪静态则不会生成 HTML 文件，不会占用网站空间，可缓解服务器的压力，方便网站的管理和维护，有利于搜索引擎对页面的收录。

伪静态 URL 也存在缺点，当网站的页面做成伪静态之后，直接造成了伪静态页面和动态页面的重复，不利于搜索蜘蛛爬行和抓取。此外，并不是所有的网站都支持伪静态 URL 结构，这也会增加网站 SEO 的成本。

综上所述，网站结构的 SEO 需要形成一定的套路：小型的网站可采取静态 URL 结构；网站的实时更新频率高，或者是需要执行特定的交互功能，则建议使用动态 URL 结构；伪静态 URL 是前两种结构的折中，在服务器端和动态 URL 的调用模式基本相同的情况下，站长应根据实际情况使用伪静态 URL 结构。

6.2 网站结构的优化

网站结构的优化是 SEO 的根本。首先是网站结构优化后，网站的层次结构规范化，代码简单，用户的访问速度快；其次是网站权重的传递，合理的网站结构使网站内链系统衔接更恰当，伴随着网站被搜索蜘蛛收录量的增加，网站权重也可以实现稳步增长，进而提升网站的流量。在本小节中将讲解如何对网站结构进行优化。

6.2.1 物理结构的优化

网站物理结构的优化的基本要求是结构必须清晰化。其具体要求是：大类归大类，小类归小类，使网站的后期维护更加方便。

当站长将文件上传到网站中，通常会出现目录的分级，如图 6-5 所示。这时，站长需要对不同层级的目录进行优化。

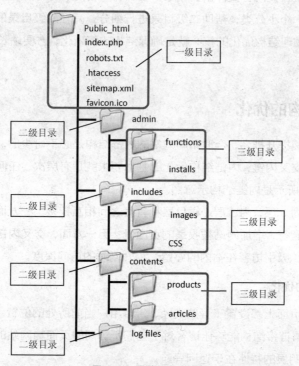

图 6-5　网站目录分级

1．一级目录

一级目录也被称为根目录。在一级目录中，建议在梳理结构的时候，主要放置网站的首页、系统文件、网站地图和下级目录文件夹。

例如，robots 就必须放在一级目录中。robots 是指当搜索蜘蛛登录到网站的时候，robots 文件是搜索蜘蛛要查看的第一个文件。它用来告知搜索蜘蛛哪些页面能被抓取，哪些页面不能被抓取，也可以屏蔽网站中一些较大的文件，包括图片、视频、音频等，以节省服务器宽带。

此外，在一级目录中，最好不要放置一些很零碎的文件。因为一级目录是整个物理途径中最外面的一层。因此尽量放置最重要的或者是对网站运行有帮助的文档或者文件。

2．二级目录

二级目录主要是将前端文件、后台管理、配置文件和日志记录等区分开来。

通常情况下，二级目录已经成为最顶端的一个封面目录了。对于封面目录来讲，站长需要将整个网站的最大目录区分清楚。

例如，admin 目录主要就是控制网站后台的文档、图片、更新文章等；includes 目录就是包括网站可能需要使用的文件，比如 image 文件和图片、CSS 样式的文档；而 contents 目录主要是放置网站的产品、产品服务或者是非产品的信息页。一部分网站还需要去统计日志文件，因此日志文件也可以作为一个单独的文件夹放到 log files 中。

3．三级目录

三级目录主要放置各类内容文件。实际上，在讲解二级目录的时候已经涉及三级目录了。三级目录的实质也就是一个小分类，帮助二级目录进行细分，减轻二级目录的维护量。

综上所述，网站物理结构优化的核心就是确保结构的清晰化，方便站长在后期进行更加深入的维护和优化。

6.2.2 内链结构的优化

一个网站要想快速提升排名，合理布局网站的内链结构是必不可少的。网站内链结构的优化主要内容是设置网站交叉内链，内链结构优化的基本要求就是有层次，任何页面的关系网都不应该超过 3 层。图 6-6 所示是内链结构示意图。

网站结构主要分为 3 层，内容层、栏目层和首页之间相互链接。一方面，交叉内链有利于引导和扩展搜索蜘蛛的爬行，增加网站被收录的页面量；另一方面，交叉内链能够帮助访客查询相关或者是相似的信息，吸引访客在站内的停留，提升网站的访问深度。

1．面包屑链接的优化

绝大部分网站的页面上都设置了导航路径，告诉用户当前所处的位置。该导航链接也被称为"面包屑链接"。面包屑链接结构能够让访客对于他们所访问的页面与网站的层次结构关系一目了然，这种网站结构最明显的特性在于返回导航。

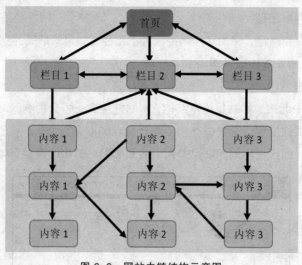

图 6-6　网站内链结构示意图

如图 6-7 和图 6-8 所示，分别是某运动品牌网站改进前和改进后的面包屑导航。在改进前，面包屑导航条中没有设置返回上一级链接，用户要返回上一级网页只能单击浏览器中的返回键。而改进后，网站在导航条中设置"返回"链接，这表示用户在访问该页面的时候可以直接单击链接返回上一级页面。

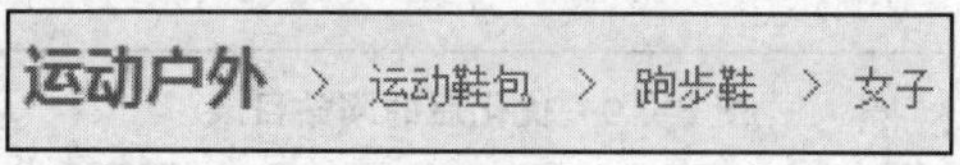

运动户外 ＞ 运动鞋包 ＞ 跑步鞋 ＞ 女子

图 6-7　改进前的面包屑导航

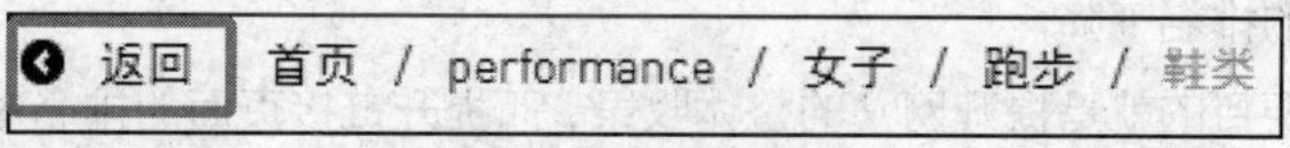

◀ 返回 │ 首页 ／ performance ／ 女子 ／ 跑步 ／ 鞋类

图 6-8　改进后的面包屑导航

网站通过提供返回各层级网页的快速入口，使访客更容易定位到上一级目录，极大地提升了用户体验，降低了网站的跳失率。谷歌搜索引擎已经将面包屑导航整合到搜索结果中，在面包屑导航每个层级的名称中设置网站或者是商品关键词，有利于提升 SEO 效果。

2．重复链接的检测

网站中的重复链接对于网站权重和链接权重具有一定的负面影响。处理网站的重复链接是一项比较烦琐的工作，随着网站不断更新、改变或者是删除某些功能，一段时间后，网站上会有多个以 URL 网址形式存在的系统垃圾代码。那么，网站如何检测链接是否重复了呢？

（1）输入不带 www 的域名检测

直接输入不带 www 的域名查看网站是否跳转到 www 页面中。如果没有，则说明网站的 URL 地址被搜索引擎收录的时候重复的可能性较大。

网站通过设置 301 永久定向是解决 URL 地址重复的最佳方法，但是在设置 301 重定向的时候，要确保网站中的链接能够正确指向目标链接。

（2）是否有多种存在路径

查看网站有多种存在路径，例如动态路径和静态路径。如果网站同时支持静态路径和动态路径，则通过 robot.txt 屏蔽其中一种路径。

（3）分析网站目录结构

URL 是物理结构，而搜索蜘蛛是逻辑结构，网站链接的长短会影响网站权重的分配。搜索蜘蛛会沿着目录一层一层往下爬行，图 6-9 所示是优化前的网站目录，不利于搜索蜘蛛的爬行，容易造成链接重复收录；而优化后的网站目录则不会引起网站链接的重复，如图 6-10 所示。

图 6-9　优化前的网站目录

图 6-10　优化后的网站目录

网站的重复链接不但会增加搜索引擎的抓取和搜索的难度，还会被搜索引擎判定为重复堆砌，直接导致网站的排名下降。

网站内链的首要目的就是提升网站的整体收录，而提升链接页面的排名对于网站整体的流量有显著的作用。一个网页的收录量长期保持稳定且持续增加，则说明该网站的内部链接处理得比较到位。

6.2.3　URL 结构的优化

对于网站 SEO 而言，在设计网站之前要很清晰地了解对于网站 URL 结构的可控设计。例如增加可利用 URL 结构以及 URL 层次深度等，这些都是在优化过程中需要注意的问题。

1. 增加可利用 URL 结构

图 6-11 所示是某化妆品网站的商品导航条。为了深入分析网站 URL 结构，分别将每一级页面的链接复制下来，具体如下所示。

图 6-11　网站 URL 结构优化

（1）http://www.xxxx.com.cn/showProductAction/7_11.html

（2）http://www.xxxx.com.cn/secondThirdProductlist/_21.html

（3）http://www.xxxx.com.cn/ThirdProductlist /22_3.html

（4）http://www. xxxx.com.cn/productDetailAction/971.html

结合商品导航条和相对应的商品链接大致可以看出，该商品是采用了 showProductAction 的形式，最后跟了一个默认的数值。其他的二级类目、三级类目也采用的是这种形式。由此可见，它的 URL 可购性非常差。因此，站长一定要提升网站 URL 结构的可利用性。

首先，站长可以更改主域名封面添加一个大类名，再添加小类名，最后添加产品 SKU，具体更改如下所示。

URL 结构：http://www.xxxx.com.cn/[大类名] /[二级分类名]/[小类名]/产品 SKU.html

案例：http://www.xxxx.com.cn/makeup_face/Foundation/产品 SKU.html

通过在小类目下面添加产品 SKU，当用户在访问网站的时候，就能够很直观地了解到该产品是否是自己所需要的，从而提升了用户体验，增加了商品的有效点击率。

2．URL 层次深度

不同网站对 URL 层次深度的要求不同，两层、三层、四层对于网站的要求都是不同的。

通常情况下，两层 URL 结构主要是希望网站直接传递到其他的页面中，小型的网站普遍采用这种 URL 结构；三层 URL 结构是运用得最广泛的，主要是为了 URL 在各个栏目之间做好区分，比较适用于中型网站；四层 URL 结构则是大型的网站 URL 结构模式，在首页和栏目页中还有频道页面。从 URL 结构细分的角度来讲，为了方便网站的维护和管理，网站还需要设置二级域名。

大部分新手站长对于 URL 结构层次都存在一定的误解，单纯地认为 URL 结构层次越深，越不利于搜索蜘蛛的抓取。搜索蜘蛛没有抓取到网站的某个 URL，主要是因为该页面的蜘蛛抓取入口太少，站长可以适当地增加一些外链来吸引搜索蜘蛛的抓取。

此外，网站 URL 结构的优化还需要做到一定的前瞻性。例如针对于一个大型网站的 URL 结构的优化，在后期可能会牵涉到栏目页面关键词的排名。因此，在优化之前就需要进行一个阶段性的可调整 SEO 评估。

综上所述，网站 URL 结构优化主要从 3 个层面来讲，首先是 URL 结构最好采用扁平化的树形结构，合理分配一、二、三级目录；其次是内链的设置，交叉内链吸引用户的访问，面包屑链接降低访客的跳失率；最后是增强网站 URL 结构的可利用性，提升用户体验。

6.3 如何避免"蜘蛛陷阱"

网站要想获得良好的排名，首先网站的结构对于搜索引擎必须是友好的。这就意味着在网站中，搜索引擎的爬行是畅通无阻的，没有"蜘蛛陷阱"。因此，在网站结构优化过程中需要注意避免"蜘蛛陷阱"。那么究竟什么是蜘蛛陷阱呢？

蜘蛛陷阱是指组织蜘蛛程序在网站中爬行的障碍物，通常是指一部分显示网页技术的方法。在网站 SEO 工作中，网站被收录是基础工作，如何消除这些蜘蛛陷阱呢？下面将介绍一些常用的方法。

6.3.1　尽量不使用 Session ID 页面

对于网站的每一个访客，服务器会分配一个 ID，那就是 Session ID（会话标识）。Session 是用来追踪访客会话的，使用服务器生成的 Session ID 区分访客，进而实现访客的身份标识。

很多网站为了分析访客的身份信息而采用 Session ID 来跟踪访客。当访客在访问网站的时候就会生成一个独一无二的 Session ID，并且加入 URL 中。

当搜索蜘蛛每次在网站页面中爬行的时候，都会被"误以为"是新访客，URL 中又会新增一个 Session ID，这就会造成同一个页面但是不同 URL 的情况。最后直接导致产生复制内容页面，造成了高度重复的内容页，这也是最常见的蜘蛛陷阱。

例如，有的网站为了提升网站的响应速度和销售业绩，而强行采用 Session 用来追踪访客的信息。图 6-12 所示是 Session 的地址追踪。

图 6-12　Session 追踪访客地址

在网站中，应该尽量避免使用 Session ID 页面，一方面，不利于搜索蜘蛛的爬行和索引；另一方面，曝光访客的信息在无形中降低了访客对网站的好感程度，会导致访客的跳失率较高。

6.3.2　网站首页尽量不使用 Flash 动画

很多中小型企业的网站喜欢在网站首页设置 Flash 动画。因为 Flash 动画本身可以制作出很多效果，将音乐、声效以及富有新意的界面相融合，尤其是放在网站导航页，视觉效果佳。所以，不少企业通过在导航页中设置 Flash 动画彰显企业的产品、实力、文化和服务理念。图 6-13 所示是某电子商务网站在首页中设置了 Flash 动画。

实际上，Flash 动画也是一种蜘蛛陷阱。很多新手站长不禁要问：为何 Flash 动画是蜘蛛陷阱呢？

图 6-13 网站的 Flash 动画

从搜索蜘蛛的层面来看，搜索蜘蛛识别不了 Flash 页面，不能够通过 Flash 动画爬行到 HTML 页面。所以，这就相当于一个陷阱，阻挡了搜索蜘蛛继续抓取网页。

从用户的角度出发，当用户在访问网站首页的时候，查看完 Flash 动画之后，没有了解到需要了解的信息，就会放弃继续访问网站，造成网站首页的跳失率过高。

因此，网站首页尽量不要使用 Flash 动画。即使 Flash 动画效果是必需的，也建议在 Flash 文件之后添加通往 HTML 页面版本的链接，这样能够保证搜索蜘蛛跟踪链接继续爬行和抓取。

6.3.3 避免使用动态 URL

在本章的第一节中，已经讲解了 URL 结构的分类，其中动态 URL 往往是加入了一定的符号或者是网址参数。尽管随着搜索引擎技术的发展，搜索蜘蛛能够抓取部分动态 URL，但是动态 URL 是数据库直接生成的，不利于搜索蜘蛛的爬行，甚至会造成死循环。

对于一部分没有程序代码开发基础的站长而言，可以采取开源建站程序，一般的建站程序都是支持 URL 静态化的，例如 wordpress、dedecms、discuz。站长只需要按照操作步骤一步步完成即可。

但是值得注意的是：动态 URL 静态化并非简单地将网址中特殊符号和参数去除，还需要注重以下几点。

① 每个页面对应一个 URL 地址，动态 URL 静态化之后，原来的 URL 地址将不存在。

② 栏目和列表尽量采取 "/123" 的格式，内容页则采取 "/123.html" 的格式。

③ URL 的层次结构能简则简，例如 "/123/456.html" 可以写成 "/456.html"。

④ URL 中包含关键词，既能加深用户的记忆，又能提升网站关键词的排名。

⑤ URL 的书写尽量统一和规范。

网站 SEO 过程中，并不是所有的动态 URL 都必须改成静态 URL。如果网站动态 URL 确实不能改写成静态 URL，站长也不需要刻意强求，只需要做好网站的内容维护即可。

6.3.4 避免设置万年历

万年历是比较典型的蜘蛛陷阱。有的网站在首页中设置了万年历，尤其是宾馆、航空公司、在线票务网站，为了方便用户进行时间的查询，往往会在网站中设置万年历。

万年历直接使搜索蜘蛛陷入无线循环中，因为搜索蜘蛛的爬行是点击下一个链接，而万年历又是无限循环的。每次当搜索蜘蛛点击万年历之后就产生新的链接，进而导致蜘蛛爬不出去。但是搜索蜘蛛的资源是有限的，因此最终就会导致网站无法被收录。

图 6-14 所示是某票务网站后台统计搜索蜘蛛在网站中的爬行情况，搜索蜘蛛已经陷入无限循环中，尽管访问的页面量很大，但是实际上被收录的页面却很少，甚至没有。

因此，在网站中尽量不要设置万年历，因为万年历最容易让蜘蛛陷入无限循环中，不停地点击下一月或者是下一年，而每一个日期对应的页面并没有任何内容，直接降低了网站被收录的概率。

搜索蜘蛛	IP地址	时间	访问链接
Google	123.175.64.12	2016-1-3 16:26:12	http://example.cn/date-2015-10.html
Google	123.175.64.51	2016-1-3 16:20:33	http://example.cn/date-2015-11.html
Google	123.175.64.33	2016-1-3 16:18:39	http://example.cn/date-2008-06.html
Google	123.175.64.78	2016-1-3 16:25:15	http://example.cn/date-2013-09.html
Google	123.175.64.51	2016-1-3 16:26:18	http://example.cn/date-2015-04.html
Google	123.175.64.42	2016-1-3 16:23:43	http://example.cn/date-2017-11.html
Google	123.175.64.81	2016-1-3 16:25:17	http://example.cn/date-2011-06.html
Google	123.175.64.06	2016-1-3 16:26:29	http://example.cn/date-2015-07.html
Google	123.175.64.73	2016-1-3 16:26:20	http://example.cn/date-2014-02.html
Google	123.175.64.45	2016-1-3 16:25:37	http://example.cn/date-2006-09.html
Google	123.175.64.45	2016-1-3 16:26:22	http://example.cn/date-2009-12.html
Google	123.175.64.86	2016-1-3 16:26:53	http://example.cn/date-2015-03.html
Google	123.175.64.19	2016-1-3 16:28:42	http://example.cn/date-2015-02.html
Google	123.175.64.22	2016-1-3 16:27:25	http://example.cn/date-2016-07.html
Google	123.175.64.89	2016-1-3 16:26:03	http://example.cn/date-2017-04.html
Google	123.175.64.40	2016-1-3 16:26:29	http://example.cn/date-2015-03.html
Google	123.175.64.58	2016-1-3 16:24:30	http://example.cn/date-2013-06.html
Google	123.175.64.92	2016-1-3 16:25:49	http://example.cn/date-2013-02.html

图 6-14　搜索蜘蛛的访问数据

6.3.5 避免各种敏感的跳转

网站的跳转形式也会给搜索蜘蛛的爬行带来一定的影响，例如 302 跳转、JavaScript 跳转、Mate Refresh 跳转。下面将逐一讲解。

1．301 跳转

301 跳转主要是指旧网址在废弃之前转向新网址，以保证用户的正常访问，并且在诸多的服务器都支持 301 跳转方法。例如京东商城的旧网址是 www.360buy.com，新网址是 www.jd.com；不管是在浏览器中输入旧网址还是新网址，最终都会跳转到京东商城的首页，如图 6-15 所示。

图 6-15　301 跳转

301 跳转能够传递网站的权重，例如 A 网站利用 301 重定向转到 B 网站，搜索引擎可以确定 A 网站永久性改变地址，进而把 B 网站当作唯一有效的目标网站，且 A 网站积累的权重也会被传递到 B 网站中。

2.302 跳转

302 跳转是网站重定向的一种，指的是一条对网站浏览器的指令来显示浏览器被要求显示的不同的 URL，主机所返回的状态码。区别于 301 跳转，301 跳转是网站的永久性重定向，而 302 跳转则是网站的临时定向。

从表面上看，302 跳转比 301 跳转更加友好，但是由于 302 跳转是临时性跳转，如果被用作网站的长期跳转，搜索引擎会认为这是网站利用 302 跳转劫持别的网站的权重，进而被判定为作弊行为，受到处罚。

由于搜索引擎在处理 302 跳转方面尚不完全成熟，经常将它纳入黑帽 SEO 的范畴中，导致网站被降权或者是被 K。因此，302 跳转对于网站优化是弊大于利的，在网站 SEO 中尽量少用或者是不用 302 跳转。

3.JavaScript 跳转

JavaScript 是一种直译式脚本语言。搜索引擎不能解析和自动检测到 JavaScript 脚本，无法进行自动转向。因此，JavaScript 跳转是网站 SEO 中比较难处理的问题。为了降低网站优化的难度，网站尽量避免使用 JavaScript 跳转。

4.Mate Refresh 跳转

由于搜索引擎能够抓取 HTML，而 Mate Refresh 也属于 HTML。因此，对于 Mate Refresh 跳转，搜索引擎能够自动检测出来，无论网站的跳转是出于什么目的，都很容易被搜索引擎视为误导用户来受到处罚。

综上所述，针对于各种形式的跳转，除了 301 跳转以外，搜索蜘蛛对于其他形式的跳转都非常敏感，因为黑帽最常采用这种跳转手段。为了避免网站被搜索引擎判定为作弊，尽量不要采用敏感的跳转形式。

6.3.6　规范 robots.txt 书写

在一个网站中存在很多文件，其中包括了后台程序文件、前台模板文件、图片等。这其中的部分文件是网站不希望搜索蜘蛛抓取到的，那该如何处理呢？

网站通过设置 robots.txt 文件来屏蔽搜索引擎索引的范围，减小搜索蜘蛛抓取页面所占用的网站宽带。此外，设置 robots.txt 可以指定搜索引擎禁止索引的网址，大大地减少了网站被收录的重复页面，对于网站 SEO 有较显著的作用。

robots.txt 作为搜索引擎入站后第一个访问的对象，扮演着至关重要的角色。尽管 robots.txt 文件看起来很简单，只有几行字符，但是很容易犯一些书写方面的错误。以下是 robots.txt 文件在书写中最常见的错误。

注：

User-agent 表示搜索蜘蛛；

星号*代表所有的搜索蜘蛛；

谷歌的搜索蜘蛛是 Googlebot，百度是 Baiduspider；

Disallow 表示不允许搜索引擎访问和索引的网页；Allow 表示允许搜索蜘蛛访问和索引的目录；

Allow:/表示允许所有搜索蜘蛛，Disallow:/表示禁止所有搜索蜘蛛。

1．颠倒顺序

错误写法：Disallow: Googlebot

　　　　　User-agent:*

正确写法：User-agent:*

　　　　　Disallow: Googlebot

2．多个禁止命令放在同一行

错误写法：Disallow: /css/ /cgi-bin/ /images/

正确写法：Disallow: /css/

　　　　　Disallow: /cgi-bin/

　　　　　Disallow: /images/

3．行前有大量空格

错误写法：　　Disallow: /cgi-bin/

正确写法：Disallow: /cgi-bin/

4．使用大写

错误写法：USER-AGENT: EXCITE

　　　　　DISALLOW

正确写法：user-agent:excite

　　　　　Disallow

5．语法中只有 Disallow，没有 Allow

错误写法：User-agent: Baiduspider

　　　　　Disallow: /john/

正确写法：User-agent: Baiduspider

76

Disallow: /john/

Allow: /jane/

6. 语法中没有添加/

错误写法：User-agent: Baiduspider

　　　　　Disallow: css

正确写法：User-agent: Baiduspider

　　　　　Disallow: /css/

7. 冒号的输入状态为中文

错误写法：User-agent: *

　　　　　Disallow: /

正确写法：User-agent: *

　　　　　Disallow: /

8. 404 重定向指向另一个页面

当搜索蜘蛛在访问网站没有设置 robots.txt 文件的网页时，会被自动 404 重定向指向另一个 HTML 页面。此时，搜索蜘蛛往往会以处理 robots.txt 文件的方式处理该页面。因此，建议在网站的一级目录下放置一个空白的 robots.txt 文件。

由此可见，robots.txt 文件蕴含了很多小细节，如果网站 SEO 忽视这些细节的话，不仅不能对网站优化有任何实质性的帮助，反而可能成为影响网站"大战"的绊脚石。

网站结构优化的最终目的是为搜索蜘蛛提供比较顺畅的爬行路线，以保证搜索蜘蛛对网站进行抓取和索引的质量，进而提升网站的排名。

实战演练

小贾是某知名服饰网站管理员。经过长时间的网站运营，小贾发现：访客从网站首页进入网站之后，其访问路径比较杂乱，并且商品页的跳失率极高。

经过对访客路径的深入分析，小贾认为：访客的访问路径受制于网站的结构，访客在进入网站之后，根本分不清当前所处的位置，更不清楚网站的结构，一旦没有找到想要的商品之后就会离开网站，进而造成网站商品页的跳失率高。因此，当务之急是优化网站，尤其是导航结构的设置。

图 6-16 所示是该网站某款商品的导航路径，请结合本章中所讲述的内容，对该网站的导航进行优化。

首页 > 名品特卖 > 意尔丹夏季新风尚 > 女士褶皱菱格羊皮小包单肩包

图 6-16　物理结构

07 第7章
网站页面的优化

本章简介

　　网站都是由不同的页面组成的，因此网页是整个网站的核心组成部分。然而页面优化不同于网页改版，网页改版是在原有的基础上进行较大的改变，而网页优化是进行多方面细微的调整，使其符合搜索引擎检索和排名的要求，进而快速提升网站优化的效果。

　　在本章中，将重点讲解网站页面的优化，从网页的基础知识出发，清楚网页的构成和布局；再从网站标题、Meta 标签、图片、锚文本、视频以及 Flash 多个方面进行具体的优化，全面充分提升网站页面的优化指标。

学习目标

1. 了解网站页面的构成和布局；
2. 学会从标题、Meta 标签、图片、锚文本等多方面对页面进行优化。

7.1 网页的基础知识

网页是构成网站的基本元素之一。换而言之，如果网站只有域名和主机，却没有任何网页，用户也是无法访问网站的。网页是包含了 HTML 标签的纯文本文件，是万维网的一"页"，也是承载和响应各种网站应用的平台。

而网页的优化主要是指通过多方面的优化和调整，使网站更加符合搜索引擎的检索和收录要求，更容易被搜索引擎收录，从而在搜索引擎中获得比较好的排名。

在进行网页的优化之前，需要先了解网页的基础知识。那么，在本节中将讲解网页的构成和布局。

7.1.1 网页的构成

在互联网的发展早期，网站以纯文本的形式进行展示；但是经过几十年的发展，图像、Flash动画、音频、视频甚至是 3D 技术已经在网站中得到广泛的应用；如今的网站已经发展成为集视觉、听觉、信息交流于一体的媒体传播介质。

在网站中，网站的构成元素主要包括文本、图像、声音、视频、超链接、菜单、表单等。其中文本和图像在网页中运用得最为广泛，一个内容充实的网站往往是以文本和图像为基础，然后将声音、视频、超链接应用到上面，才能够使网站变得"生机"起来。

图 7-1 所示是新浪网的首页。新浪网作为国内大型的门户网站之一，承载了大量的流量，因此网页的组成元素涵盖较丰富，从最基础的文字、图片到视频，从导航菜单到广告 Flash 动画。

图 7-1　新浪网首页

79

但是针对于普通的网站而言，网页的组成元素主要包括网站 logo、首页导航栏、文本和图像。

1．网站 logo

logo 是现代经济的产物，标志着一个企业的无形资产，是企业综合信息传递的媒介。而网站 logo 则代表了网站的形象，对于一个网站有着非常重要的作用。制作精美的网站 logo 有利于树立企业的形象，向访客传递网站的定位、产品、服务和文化。

图 7-2 所示是某图书网站的首页部分截图。网站 logo 是书籍的矢量图，很形象地向访客说明了网站的性质和定位，加深了访客对网站的印象。

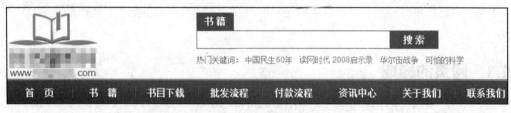

图 7-2　网站导航栏

2．首页导航栏

首页导航是网站中重要的基础组成元素之一，对网站的信息进行分类。浏览者通过网站导航能够快速查询到需要的信息，提升访问效率。

如图 7-2 所示，导航栏对网站提供的服务进行了分类说明，包括书籍、书目下载、批发流程等，便于访客直观地了解到网站内容和信息，从而判断出网站中是否有自身需要的内容。

此外，在网页的上端或者是右上端设置搜索表单，可方便用户进行站内搜索，这也是快速查询信息的一种方式。

3．文本和图片

文本和图片都是网页中最基础、最重要的构成元素，它们可以用最直接、最有效的方式向访客传达出信息。

归根结底，网页优化的核心内容主要是如何将这些元素以一种更容易被访客接受的方式组织到网页中。而对于网页中的基本组成元素，例如文本和图像，大多数都是随着浏览器本身而显示出来的，无须任何外部程序或者是模块支持。随着网页技术的发展，更多的元素会被应用到网页设计中，使访客可以从多方面享受到网页优化的效果。

7.1.2　网页的布局

网页的布局也被称为页面设计，就是指访客在浏览器中所看到的完整的页面。网店的页面布局最理想的状态就是对所有体现的内容进行有机整合和分布，以达到最佳的视觉营销效果。那么，该如何进行网页的布局呢？本小节将介绍网页常用的布局模式。

1．通栏式布局

通栏式布局是最常用的布局模式之一。通栏式布局不受边框的限制，整个网页看起来更加大气、开阔，如图 7-3 所示。

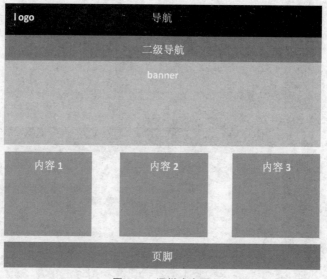

图 7-3　通栏式布局

此外，在 banner 主视觉区域还可以进行灵活处理，既可以向上拓展到 logo 和导航顶部位置，也可以向下拓展到内容区域，在最大程度上增强网站的视觉效果，吸引访客继续访问网站。

2．左中右式布局

左中右式布局非常具有新鲜感，当访客对千篇一律的网站布局已经审美疲惫的时候，这种布局会给访客耳目一新的感觉，加深访客对网站的良好印象，如图 7-4 所示。

这种布局方式看上去更加灵活，banner 区域相对较小，网站就可以在页面放置更多的信息内容。

图 7-4　左中右式布局

3．F 式布局

F 式布局是一种很科学的布局方法，遵循了用户视觉轨迹原理。一般来说，用户在访问网页时视觉轨迹是这样的：先浏览顶部，再查看左上角，然后沿着网页左边缘顺势而下，最终呈现出一个 F 形，如图 7-5 所示。

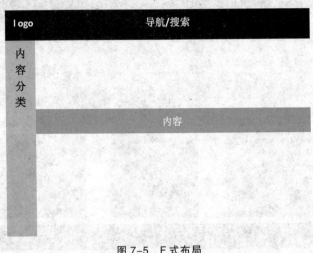

图 7-5　F 式布局

不同于前两种布局模式，F 式布局的出发点和落脚点都是访客的视觉轨迹。视觉轨迹往往都是从左往右、从上往下来进行的，因此页面左侧是网页布局的重点。

网站 logo 和导航应放在顶部，加深访客对网站的第一印象；内网页左侧边缘中以"图片+文本"设置网页内容，吸引访客点击内容，最终以线框图形式呈现。

以上 3 种是比较常用的网页布局模式，但是网站的布局并没有固定的模式，需要结合网站的产品和服务来设计。例如购物网站的网页更加侧重于 banner 展示，依靠优质的商品图吸引访客的点击，进而促进成交转化；而在线教育培训网站则侧重于视频的展示，通过一小节免费的试学视频吸引访客的兴趣。因此，网站页面的布局核心还是应该从网站产品和服务出发。

7.2　网站标题优化

什么是网站标题？简而言之，网站标题是指网站首页的标题，在代码程序中被称为 Title。网站标题是一个网站功能和定位的综合性概括，通常出现在浏览器标题栏中的一系列字符。图 7-6 所示是凤凰财经网站标题的显示位置。

网站的标题是一个网站的核心部分之一，一旦确定，在后期最好不要进行大幅度的修改。无论是从用户体验的角度出发，还是从提升关键词排名效果的角度出发，标题优化都是网页优化中最重要的因素。那么，接下来将讲解如何对网站标题进行优化。

图 7-6　网站标题的显示位置

7.2.1　网站关键词的确定

网站的标题都是由关键词组成的，网站标题的优化即对关键词进行优化。因此，确定网站关键词是标题优化的第一步。

对于单一产品的网站，网站的关键词就是这类产品的名称。例如女装批发网站的主要业务就是大批量出售女装，因此可以用"女装批发"来作为网站的关键词。

而对于经营多个业务的网站来说，可以将主要业务作为网站的核心关键词，其他业务作为网站的备用关键词，其选择的依据是关键词的综合数据指标。

例如，某摄影公司承接的业务包括婚纱摄影、艺术照、儿童照、老年照、商品摄影以及各类证件照，为了确保网站的优化排名效果，网站对几大业务进行了统计，具体如表 7-1 所示。

表 7-1　关键词的数据统计指标

关键词	展现量	点击率	转化率	ROI
婚纱摄影	86486	36.82%	18.75%	15.55%
艺术照	39759	21.49%	10.51%	5.14%
儿童照	26415	17.73%	13.34%	5.27%
老年照	872	1.86%	0.09%	0.35%
商品摄影	16753	13.89%	8.77%	4.66%
证件照	36521	20.33%	29.75%	8.25%

注：ROI 是指投资回报率，其计算公式为：利润/总投资额×100%。

由不同关键词多维度的数据指标对比可知：关键词"婚纱摄影"各项数据指标遥遥领先，尤其是转化率和 ROI 两项指标。毋庸置疑，应以"婚纱摄影"作为网站标题的核心关键词。

其次是以"证件照"、"艺术照"、"儿童照"和"商品摄影"作为网站标题的二级关键词；其中"证件照"的转化率是 29.75%，在所有关键词中排名第一；且 ROI 仅次于"婚纱摄影"，由此可见关键词"证件照"是最具潜力的关键词。

接着将"老年照"作为长尾关键词。该关键词属于比较冷门的关键词，市场需求较小。

综上所述，通过对关键词不同数据的对比，网站的核心关键词确定为"婚纱摄影"。

要想写好网站标题，首先要对网站的性质有充分全面的认知，以网站提供的业务为导向，对不同业务的关键词进行数据化分析，最终选择最适合网站标题的关键词。

7.2.2 网站关键词的拓展和组合

在确定了网站的核心关键词后，接着要对核心关键词进行拓展和组合。其主要目的是提升网站被搜索引擎检索到的概率，提升网站的排名。那么，该如何拓展标题的关键词呢？

1．拓展关键词

站长要对关键词拓展的方向比较广，例如网站性质、服务内容、服务对象、服务能力以及服务地域等多方面。

结合表 7-1 所述范例，对网站的核心关键词"婚纱摄影"进行拓展，具体如图 7-7 所示。

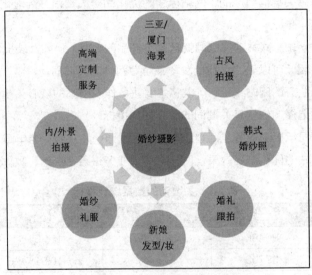

图 7-7　关键词的拓展

2．组合关键词

当网站的核心关键词确定之后，结合不同的维度进行拓展，为关键词的组合提供了大量的参考词汇，进而对关键词进行组合。下面将介绍几种常用的组合方法。

（1）地域+服务

"地域+服务"的组合模式是最常见的组合，往往是借助于某一地域的特性，激发用户的兴趣，吸引用户的点击，例如三亚/厦门海景婚纱拍摄。

一般来说，很多久居内陆城市的用户往往比较向往海滨。网站将比较具有海滨特色的地域和服务相结合，自然就会吸引很多的用户访问网站。

（2）服务+特色

"服务+特色"的组合模式往往是为了突出服务的特色，能够满足用户比较个性化、多元化的需求，例如古风婚纱摄影、韩式婚纱摄影。

不同的用户具有不同的需求，因此网站通过展示独有的特色服务，不但能够吸引用户的点击，还能提升网站的有效访客量和潜在成交客户。

（3）主服务+周边服务

"主服务+周边服务"的组合模式是为用户提供"一站式"服务，帮助用户解决其他环节的问题，表明了网站以用户为核心的服务理念，更加容易赢得访客的青睐，例如婚礼跟拍、新娘发型、婚纱礼服。

（4）服务+分等级

"服务+分等级"的组合模式则是按照用户的实际需求来组合的，一般用户和 VIP 用户的需求自然不同。而网站恰好抓住这一点，专门设置了不同的消费模式，例如内/外景婚纱拍摄、高端定制婚纱拍摄。

对于两个不同消费层级的用户来说，普通的消费者只需要拍摄内景和外景即可；而高端消费者则更需要比较私人化的定制服务，例如婚纱和礼服的定制、指定拍摄场地和摄影师、后期团队的服务水准等。

因此，网站页面和网站标题是相辅相成的。当标题在确定核心关键词以后，还需要拓展词进行填充，让搜索引擎明白网站的性质和核心是什么，进而达到优化网页和提升网站排名的目的。

7.3 Meta 标签优化

在网页的优化过程中，源代码对于搜索引擎优化的排名有重要的影响。搜索引擎只有通过读取源代码后才能了解网页内容。

在一个网页源代码中，Meta 标签相当于网站的门面。Meta 标签主要是通过设置一些参数来描述一个网页的属性，例如作者、日期、网页描述、页面刷新等。

站长可以直接通过查看网页源代码来确定图片是否添加了 ALT 标签。在网页中单击鼠标右键，在弹出的快捷菜单中单击"查看源代码"选项，如图 7-8 所示。

图 7-8　查看网页源代码

图7-9所示是该教育培训网站网页的Meta标签，在Meta标签中Keywords标签和Description标签是核心参数。在本节中将重点讲解这两个参数。

```
1  <!DOCTYPE html PUBLIC "-//W3C//DTD HTML 4.01 Transitional//EN" "http://www.w3.org/TR/ht
2  <html xmlns="http://www.w3.org/1999/xhtml">
3  <head>
4  <meta http-equiv="Content-Type" content="text/html; charset=utf-8" />
5  <meta http-equiv="X-UA-Compatible" content="IE=Edge,chrome=1">
6  <meta name="author" content="神州培训网">
7  <title>    培训网-最大的培训教育资讯平台.培训网选    ,实现你我梦想!</title>
8  <meta name="viewport" content="width=device-width, initial-scale=1, maximum-scale=1, us
9  <meta name="keywords" content="    培训网,英语培训,会计培训,学历教育,计算机培训" />
10 <meta name="Description" content="神州培训网 全国十佳教育网站;名校、名师、名课 学什么
   培训网,实现你我梦想!" />
11 <meta name="apple-mobile-web-app-status-bar-style" content="blank-translucent">
```

图7-9　Meta标签在网页中的位置

7.3.1　Keywords 标签

Keywords 标签是指关键词标签，该关键词是指站长为了用户能通过搜索引擎搜到某一网页而设置的词汇，并非网站的整体介绍。如果 Meta 标签中的关键词过多而造成堆砌，很有可能遭到搜索引擎的降权。由此可见，Keywords 标签在网站优化过程中仍然具有举足轻重的作用。

关键词的描写应该简洁、简单，与标题紧密相连，形成前后呼应的关系，具体可参考如下范例。

<meta name="keywords" content="关键词" />

图7-10所示是某家电维修论坛源代码中的 Keywords 标签，其中关键词包括家电维修论坛、家电维修技术论坛、家电论坛、家电维修等，甚至在 Keywords 标签添加了网站的链接。

```
1  <!DOCTYPE html PUBLIC "-//W3C//DTD XHTML 1.0 Transitional//EN" "http://www.w3.org/TR/xhtml1/DTD/
2  <html xmlns="http://www.    /1999/xhtml">
3  <head>
4  <meta http-equiv="Content-Type" content="text/html; charset=gbk" />
5  <title>家电维修技术论坛_家电维修_维修论坛 - www.    .info</title>
6
7  <meta name="keywords" content="家电维修论坛,家电维修技术论坛,家电论坛,家电维修,www.    .info" />
```

图7-10　Keywords 标签

该论坛在 Keywords 标签中设置大量重复、相似的关键词，稀释了论坛的权重，并且很容易被搜索引擎判定为关键词堆砌，受到降权处罚，进而影响论坛的排名。

因此在 Keywords 标签中，关键词不需要设置太多，否则适得其反。通常情况下，写上 3～5 个关键词即可。因为关键词是为网站而服务的，能够集中体现出网站的服务即可。

针对该家电论坛的 Keywords 标签进行优化，那么关键词可以设置为：家电维修技术论坛、家电维修网、电器维修服务。

此外，大部分站长在写 Keywords 标签的时候忽略了标点符号，搜索引擎要求不同关键词应该以英文半角逗号隔开，如果以中文半角的输入状态输入逗号，这对于搜索引擎的抓取也是

有影响的。

而至于网页关键词的选择方面，除了考虑网页主题和内容选择适合的关键词之外，关键词还应该是比较易于检索的，过于生僻的词汇不适合作为 Meta 中的关键词。

由于网页关键词一直是网页优化的核心内容，目前对于搜索引擎的重要性已经不如从前了，但是对于完善网页 Keywords 标签仍然具有一定的作用。

7.3.2　Description 标签

Description 标签是指网页描述，主要是对一个网页概况进行介绍。由于这部分信息会出现在搜索结果中，因此网站需要根据网页的实际情况来设计，避免出现与网站相关度不大的描述。

网页描述页面应该是简要概括网页的信息，重点突出网页的核心信息，增加网页被用户搜索到的概率。网页描述源代码的书写可参考如下范例。

\<meta name="description" content="描述" /\>

图 7-11 所示是某在线招聘网站发布的某企业财会人员招聘的 Description 标签，在网页描述中对于招聘的相关信息进行概括性的描述，包括招聘岗位、薪酬待遇、工作地点、学历和工作年限等。

```
1  <!DOCTYPE html>
2  <html lang="en-US">
3  <head>
4      <meta charset="UTF-8" />
5      <meta name="keywords" content="" />
6      <meta name="description" content="北京      科技有限公司诚聘财务/会计/出纳/审计专员 月薪5K-6K+绩效+五险一金+周末双休
工作地点位于北京-昌平区,薪资待遇4001-6000元/月,学历要求不限或以上,工作经验不限等更多招聘信息请点击查看详情【      ,为
您提供最靠谱的人才招聘信息】" />
```

图 7-11　Description 标签

当用户在招聘网站中搜索与描述相关关键词的时候，该网页就可能会出现在搜索结果中，增加网站的有效点击和访问。

对于分类比较明确的大型网站，每个网页都必须有对应的网页描述，至少是同一个栏目的网页有相应的描述，最好不要将整个网站都设置成同样的描述。通常情况下，因为每个网页的内容不同，如果采取同样的网页描述，不利于搜索引擎对网页的索引和抓取。

而对于一般的企业网站，网页描述也有字符的限制。通常情况下，控制在 300 个字节（150个汉字）之内，切忌在描述页面中堆砌大量的关键词。在网页描述中，可以特意强调标题中出现的关键词，还要添加一些二级关键词以增加网页的收录率。

此外，网页描述中必须兼顾用户体验，确保语句的描述通顺，具有一定的吸引力，增加网站的访问量。

Description 标签是对网页内容的精准提炼和概括，如果 Description 标签描述与网页内容相符，搜索引擎会将 Description 标签当作摘要的目标之一。优质的 Description 标签会提升网站的收录率，进而使网站获得靠前的排名。

7.4　图片优化

图片是网页的基本组成元素之一。谷歌和雅虎将图片优化程度作为索引和抓取的参考标准之一；而在 2013 年年底，百度搜索引擎的搜索结果以图文并茂的形式进行展示。由此可见，图片的优化也是网页优化的重点。

图片优化是每个站长必须掌握的技能，首先，优质的图片能够第一时间吸引访客的眼球，增加网店的访问流量；其次，图片也是影响页面加载速度的关键性因素之一。那么，在本节中将主要介绍如何对图片进行优化。

7.4.1　图片大小与格式

为了提升网页图片的加载速度，方便用户在网站中的浏览，提升用户体验，网站对于上传的图片会有大小的限制，且不同的图片需要采取不同的保存格式。

1．图片的大小

根据权威的数据调查统计报告：通常情况下，PC 端用户的等待加载时间不会超过 3 秒，移动端用户的等待加载时间不会超过 5 秒。如果网站的图片过大，会严重影响图片的加载，直接导致网站的跳失率过高。那么，该如何修改图片的大小呢？

站长可以通过 Photoshop 专业图像工具来修改图片的大小。在 PS 工具中打开需要修改的图片，单击菜单栏中的"图像"命令，在弹出的下拉菜单中再单击"图像大小"命令，如图 7-12 所示。

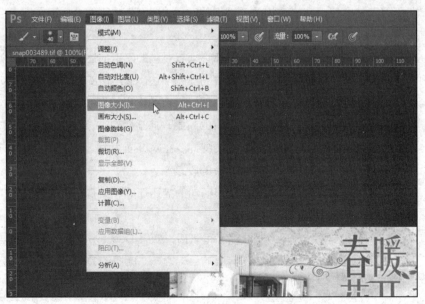

图 7-12　单击"图像大小"

在弹出的对话框中，将图片的宽度更改为 500 像素，高度和分辨率保持不变。更改完成后，对话框会自动显示更改后的图片大小为 307.6KB，更改前的大小为 687.2KB。最后单击"确定"按钮，即完成了图片大小的修改，如图 7-13 所示。

图 7-13　更改图片的宽度

关于网站图片的大小，并没有严格的规定。在确保图片像素的前提下，尽量使用容量较小的图片，以缩短网站的加载时间，降低网站的跳失率。

2．图片的格式

目前有 3 种非常流行的图片格式，分别是 JPEG、PNG 和 GIF。其中 JPEG 是最常用的图片压缩格式，支持最高级别的压缩；而 PNG 比 GIF 支持的色彩要多，占用体积小，支持透明背景，一般 Logo 或者是装饰性图案都会选择 PNG 格式；GIF 容积较大，主要是动态图常用的存储格式。

在图片容积一定的情况下，JPEG 格式是最佳的选择；但是针对容量小于 5KB 的图片，而 PNG 格式则最合适，不会让图片失真。大部分网站对网站图片的质量要求较高，且图片容积要小，毫无疑问 JPEG 格式是首选。

如图 7-14 所示，在 PS 工具中，单击菜单栏中的"文件"命令，在弹出的下拉菜单中再单击"存储为 Web 所用格式"命令，如图 7-14 所示。

在弹出的对话框中，将图片的格式设置为"JPEG 低"，设置完成后即可看到图片的大小为 21.85KB，如图 7-15 所示，最后单击"存储"按钮保存图片。

网页在加载的过程中，体积越小，加载的速度就越快，用户的体验就越好。因此，网页图片优化的核心点就是尽量减小图片的大小，在不影响图片质量的情况下进行无损压缩。

对于网站中相对比较固定的图片，为了合理利用缓存技术来提升页面的加载速度，网站可以适当延长这部分图片的过期日期，减轻图片加载对于服务器的压力。

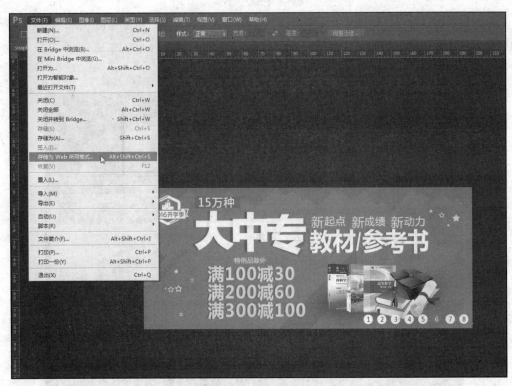

图 7-14　选择图片的格式

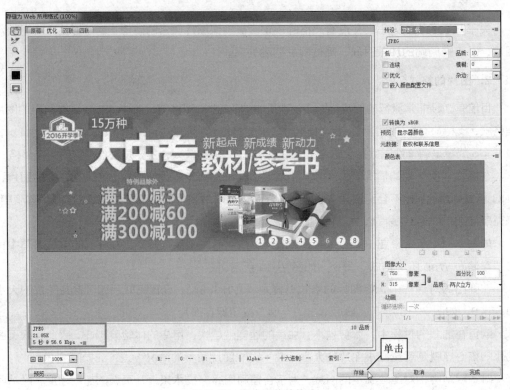

图 7-15　保存图片的格式

如果网站中存在着一些出现频率高且体积较小的图片，网站可以采用 CSS Sprite 技术进行图片合并。CSS Sprite 又叫作 CSS 精灵，是一种网页应用处理方式，它允许你将一个页面涉及的所有零星图片都包含到一张大图中去，这样一来，当用户访问该页面时，载入的图片就不会一幅幅地慢慢显示出来。

7.4.2　添加 ALT 标签

网站图片的优化主要是以图片为主，而图片的优化需要进行一定的补充说明，ALT 标签则正好可以对图片进行精准的描述。站长可以根据图片的内容和网站服务项目来进行优化。

1．ALT 标签的作用

ALT 标签实际上是网站上图片的文字提示。在网页的图片中添加 ALT 属性具有双重效果，一是提升用户体验，当页面的图片由于某种原因不能加载的时候，在图片的位置上会显示图片 ALT 标签，如图 7-16 所示。这样用户就能清楚地知道图片的大致内容，浏览思路也不会被打断。

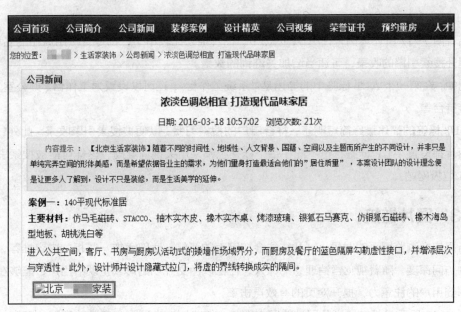

图 7-16　图片 ALT 标签

二是图片通过添加 ALT 标签能够提升 SEO 效果。一般来说，搜索引擎难以读取图片的内容。因此，在图片优化过程中添加 ALT 属性，使得索引器能够更好地理解图片内容。当图片不能加载的时候，系统会自动显示 ALT 标签指定的关键词，引导搜索引擎去抓取和索引，从而使网页被搜索引擎收录。

2．ALT 标签的查看和优化

在初步了解了 ALT 标签的作用之后，就需要对 ALT 标签进行优化。而在优化之前，需要确定网站图片是否已经添加 ALT 标签。

（1）查看 ALT 标签

在网页的源代码中，调用网页搜索命令"Ctrl+F"，在源代码的右上角出现网页搜索框，输入查询关键词"<img"后按回车键，搜索框就会出现该网页中所有包含该关键词的结果，如图 7-17 所示。

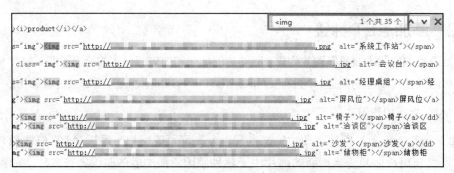

图 7-17　查找结果显示

（2）ALT 的优化

ALT 标签在网页语言中的标准写法是：<img src="/图片路径" alt="图片描述" />。

结合图 7-17 所述案例，在 ALT 标签中，图片描述比较单一，都是直接用商品的名称命名。为了提升搜索引擎的收录，可适当增加关键词的数量。

例如，在第一个 ALT 标签中的描述是"系统工作台"，还可以设置为工作台、办公室工作台、前台接待台等。

ALT 标签的描述最好简短明了，符合用户的搜索习惯，以便被搜索引擎收录。此外，不建议每张图片都设置 ALT 标签，也不能在每个标签上都采用关键词堆砌，这样可能被搜索引擎视为 SPAM 垃圾网站。

7.4.3　图片链接

当用户在浏览网页的时候，网站往往会在网页的两侧、底部添加一些相关内容推荐，以提升用户的访问深度。随着视觉营销理念的深入，往往以图文并茂的形式呈现给用户，能够在第一时间吸引到用户的注意力，提升网页的有效点击率。

图 7-18 所示是某电子商务网站的图文推荐，缩略图皆为网页文章中的插图，既增加了文章的阅读性，为用户提供了更加优质的用户体验，同时又更好地迎合了搜索引擎。

图 7-18　网站的图文推荐

因此，在图片中增加站内链接是为了服务用户和搜索引擎。一方面，图片链接吸引搜索指数爬到与原网页相关度较高的页面，提升网站其他页面的收录量；另一方面，可以拓展用户在站内的停留时间，提升对网站的访问深度，降低网站的跳失率。

图片在网页的优化过程中扮演了相当重要的角色，不仅能吸引更多的访客，为网站带来大量优质流量；优化后的图片更加符合搜索引擎的检索规则，进而提升网站的收录量和排名。

7.5 锚文本优化

尽管很多网站管理人员非常注重锚文本的优化和建设，但是对于锚文本的优化意义、锚文本该如何优化以及设置锚文本的注意事项都不是很清楚。那么，在本节中将重点讲解如何对锚文本进行全方位的优化。

首先，锚文本是指将关键词做成一个链接，指向别的网页。锚文本是链接的一种形式，因此也被称为"锚文本链接"。而锚文本的实质就是建立文本关键词和 URL 链接的关系。

如图 7-19 所示，网站对关键词"创建网站"设置了锚文本，当用户在点击该关键词的时候，网页会立即跳转到其他的页面。图 7-20 所示是创建网站的流程。

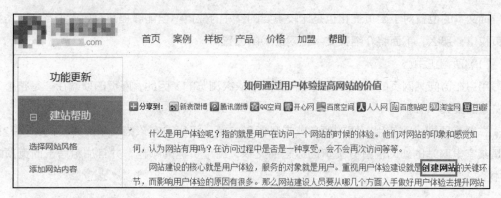

图 7-19 网页的锚文本

图 7-20 跳转的页面

因此在网页 SEO 过程中，必然会存在着锚文本的设置和优化。锚文本在优化之后，对网站的内容进行有机联系，形成一个整体，有利于访客快速寻找和定位需要的内容，也使搜索蜘蛛在网页中的爬行更加顺畅，进而收录更多的网页，最终达到较为理想的优化效果。

锚文本可以分为站内锚文本和站外锚文本。站内锚文本和站外锚文本都是网页优化的重要手段，其效果也比较明显，网站做好相关的优化工作对于网站排名也是有帮助的。在本节中将重点讲解如何对站内锚文本和站外锚文本进行优化。

7.5.1 站内锚文本的优化

从搜索引擎和用户体验的友好度层面来讲，锚文本是多种链接形式中效果最好的。站内锚文本的优化不仅能够提升关键词的排名，也可以提升网站的用户体验。那么，对于网站锚文本的优化可以从以下几个方面入手。

1. 锚文本的长度

很多新手站长存在这样的疑惑：在设置锚文本的时候，锚文本的长度为多少才是最合适的呢？到底是部分核心关键词还是一句话或者是一段话？

锚文本的长度通常是单独关键词或者是组合关键词，最好控制在 12 个字符左右。这样就能突出网页的关键词，进而提升网页的收录量。

2. 锚文本的位置

锚文本的位置对于网页优化也是比较重要的，好的位置不但能够提升有效点击率，还能提升网页权重。那么，下面将介绍锚文本在网页中的位置。

（1）顶端正中心

用户在访问某网页的时候，通常是自上而下依次浏览的。因此，网页的顶端往往是整个网页浏览量的聚集中心。

在网页顶端，可使用不同的颜色或者是倾斜加粗，提醒访客该锚文本的独特。图 7-21 所示是某家电网站的新闻信息分类页的标题锚文本，用金黄色的颜色，并且加粗居于网页顶端的正中心。

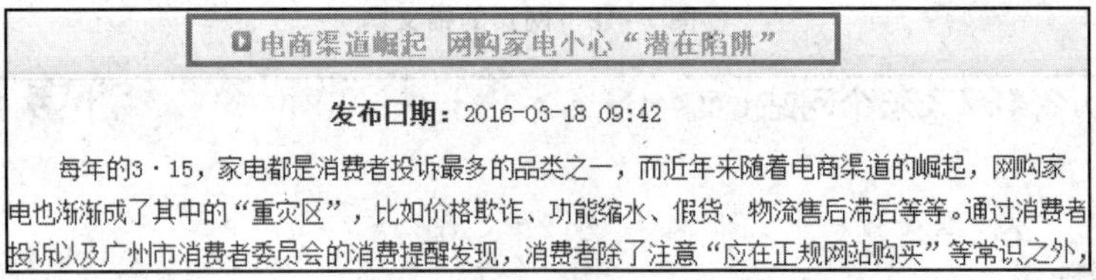
电商渠道崛起 网购家电小心“潜在陷阱”

发布日期：2016-03-18 09:42

每年的3·15，家电都是消费者投诉最多的品类之一，而近年来随着电商渠道的崛起，网购家电也渐渐成了其中的“重灾区”，比如价格欺诈、功能缩水、假货、物流售后滞后等等。通过消费者投诉以及广州市消费者委员会的消费提醒发现，消费者除了注意“应在正规网站购买”等常识之外，

图 7-21 网页顶端的锚文本

（2）网页的最左侧

这个位置对于锚文本的优化也是有一定影响的，尤其是右上角区域，一般都是副导航或者是信息列表，企业可以将公司服务项目、公司资质或者是联系方式的锚文本设置在该区域。

图 7-22 所示是某电子科技网站在网页右侧设置的锚文本，对公司服务项目的报价进行详细的分类。一方面，方便用户了解网站服务的收费标准；另一方面，该区域的锚文本具有导航的功能，能够提升网站访客的用户体验。

图 7-22 网页右侧的锚文本

（3）网页的底端

网页的底端也是较重要的位置。访客浏览到网页底端的时候，如果没有搜索到需要的信息，往往会离开网站。但是在网页底端设置比较新颖的锚文本，则会吸引到访客的注意力，将访客引导到其他的网页中。

如图 7-23 所示，这篇文章主要是在讲解网页排版布局的重要性，在文章的结尾处将文章《网站建设中的排版应该注意什么问题》设置为锚文本，符合读者的阅读需求。当访客在浏览到该锚文本的时候，往往会点击锚文本查看文章，进而提升对网站的访问深度。

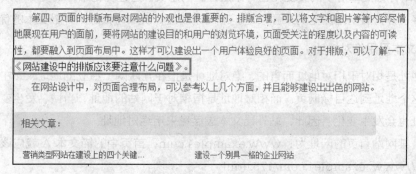

图 7-23 文章标题锚文本

3．锚文本的指向

部分站长为了提升页面在网站中的权重，会大量使用不同的关键词文本链接到同一网页中。这实际上是错误的锚文本建设，会严重影响网页的优化效果。

由于大量不同的关键词文本都指向同一个网页，例如，文章内容中出现的锚文本 1、锚文本 2、锚文本 3 和锚文本 4 都指向网站首页，导致搜索蜘蛛无法判断哪些关键词是核心关键词、哪些关键词是次要关键词，使网站页面的权重分散，达不到预期的优化效果；严重的也会被判定为作弊链接，从而受到降权处罚。

因此，锚文本优化过程中要遵循一定的方法。其正确的做法就是：将相同关键词的锚文本链接到同一网页中，搜索蜘蛛则会认为该页面是网站中的重要页面，进而对网页赋予一定的权重值。

4．锚文本的多样性

合理的锚文本布局是完善网站内部结构的重要方法，而锚文本的布局往往会导致页面中的关键词密度过高。尤其是在导航页面中，关键词的堆砌现象特别严重。而提升锚文本的多样性则可以解决这一问题，可以让网站获取更多的长尾关键词，进而为网站带来大量的流量。

例如，某快消品网站要对"生活日化品"页面进行锚文本优化，在该页面中，锚文本设置为日用品、家居用品、日用百货、生活用品、家用小商品等。

对于分类页面来说，锚文本的多样性不会改变页面的核心主题，更不会影响到用户体验。在同一页面建立多个锚文本，不同的关键词链接到对应的网页，使用户更多地了解和认识网站。

因此，锚文本的多样性既可以减少关键词的堆砌现象，又可以增加不同关键词的导入流量，还可以使搜索蜘蛛更加深入地抓取和收录网页。

综上所述，站内锚文本主要是从锚文本长度、位置、指向以及多样性四个维度来优化。而其中仍然还有很多细节在优化过程中需要引起重视，例如锚文本的数量、锚文本与内容的关联度、锚文本的来源等。只有处理好这些细节，才能够使网页优化效果更加突出。

7.5.2　站外锚文本的优化

通常来说，锚文本的站内优化和站外优化是并列存在的。在上一小节中讲解了如何优化站内锚文本，而站外锚文本对于网页优化也有举足轻重的意义。通过优化站外锚文本可以为网站带来更多的访客，并扩展网站浏览的来源渠道。下面详细谈一谈如何做好站外锚文本的优化工作。

1．锚文本采用绝对地址

绝对地址是相对于相对地址而言的，绝对地址是指在互联网上独立的地址，即在任何网站上都能通过这个地址到达目标网页。而相对地址是指相对于网站的地址，当域名发生变化时，网站的相对地址也会发生变化。因此，站外锚文本应尽量采用绝对地址。

例如，某网站首页的网址为：www.example1.com，首页中的锚文本 A 就应该采用绝对地址：http://www.example1.com/175.html。

锚文本采用绝对地址进行站外优化，当文本被转载或者是被 RSS 阅读器爬取时，链接地址不会发生变化。

网站首页的锚文本都要使用绝对地址，尤其是一些独立 IP 的网站，使用绝对地址能够防止网站被其他域名镜像。

2．避免对关键词的拆分

部分站长在做站外锚文本的时候，习惯对网站的关键词进行拆分，例如锚文本"热敏打印机"却被拆分成"热敏"和"打印机"。站长以为这样能够实现锚文本的多元化，实际上却导致了锚文本的优化精准度不高，搜索引擎的搜索和收录率较低。

3．锚文本的构建

站外锚文本的构建一定要减少锚文本的分布，不能为了提升文章中的锚文本数量而刻意穿插，导致文章内容根本就不符合语言逻辑顺序，严重影响访客的阅读体验，也不利于搜索引擎的索引。

如图 7-24 所示，这样的构建既不影响访客的阅读，又能够获取搜索引擎的信赖。因此，锚文本在构建过程中要注重构建和谐、分布自然。

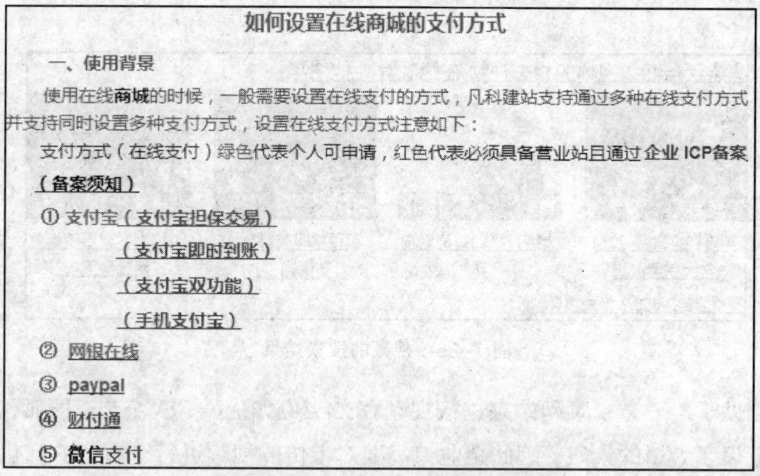

如何设置在线商城的支付方式

一、使用背景

使用在线**商城**的时候，一般需要设置在线支付的方式，凡科建站支持通过多种在线支付方式并支持同时设置多种支付方式，设置在线支付方式注意如下：

支付方式（在线支付）绿色代表个人可申请，红色代表必须具备营业站且通过 **企业 ICP备案**

（备案须知）

① 支付宝（**支付宝担保交易**）

（**支付宝即时到账**）

（**支付宝双功能**）

（**手机支付宝**）

② 网银在线

③ paypal

④ 财付通

⑤ 微信支付

图 7-24　锚文本的构建

4．锚文本指向页面的相关性

网站在进行站外锚文本建设的时候，也必须确保锚文本与所指向的页面具有一定的关联度。

例如，锚文本使用的关键词是建筑材料，但是指向的网页却是某笔记本电脑网站首页，这样不仅不能满足用户查询信息的需求，反而会被搜索引擎认定为是作弊，进而严重影响锚文本的优化。

综上所述，站外锚文本的优化主要是以绝对地址、避免对关键词的拆分、锚文本的构建以及锚文本指向页面的相关性 4 个维度来综合分析的。此外，站点之间的友情链接、论坛外链等也是有效提升锚文本优化的方法。

因此，锚文本的站内优化和站外优化是相辅相成的。锚文本的站内优化是基本功，为用户提供优质的体验；在此基础上再进行锚文本的站外优化，可为网站带来大量的有效访问量，进而更加全方位地实现网页的优化。

7.6　视频优化

在互联网技术飞速发展的今天，视频已越来越受到用户的欢迎，从而使得很多企业加入到视频营销的队伍中。而作为企业网站的站长，怎样才能玩转视频 SEO 呢？

首先来说，视频具有其他信息传播方式无法比拟的优势，这种具备图像、文字、声音的灵活展示方式更加受到用户的青睐。相比于长篇幅单调枯燥的文字，视频 SEO 能够让用户记住企业。但是由于视频占据较大的网站空间，增加了网站服务器的压力；此外，只有知名度大、权重高的视频网站才会被搜索引擎收录。

例如，在百度搜索引擎的视频栏目中输入关键词"大学英语四级"，会出现不同视频网站的视频，具体搜索结果如图 7-25 所示。由此可见，网站的视频 SEO 对于大部分普通企业来说，仍然是困难重重。

图 7-25 视频的搜索结果

企业可以借助于第三方视频网站来进行视频 SEO，例如优酷、爱奇艺、搜狐、土豆等。由于各大视频网站汇聚了大量的人气，因此企业只需要对上传的视频进行全方位的优化，吸引用户主动观看视频即可。而具有创意的视频往往会给用户留下深刻印象，甚至用户还会分享到其他的社交平台中，实现视频的口碑营销。

在本节中将以优酷视频的优化为例，对视频的基本信息和数据两个层面的内容进行讲解。

7.6.1　视频基本信息的优化

就目前搜索引擎的技术而言，还很难识别视频的图像帧数，更无法识别视频的内容。因此，视频的基本属性则成为搜索引擎读取视频内容的重要依据。而视频信息主要包括视频标题、简介、分类、话题和标签。

某中学教育培训机构将网站中的一段教学试学视频上传到优酷网站上，其中对标题、简介、分类和标签进行了设置，具体如图 7-26 所示。下面将对视频信息逐一分析。

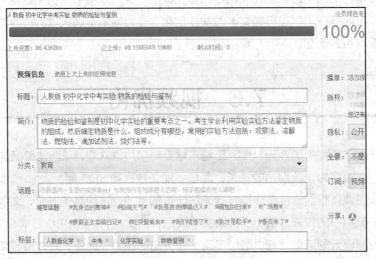

图 7-26 视频的基本信息

1．标题

视频标题是视频 SEO 的重点内容之一，因为视频标题直接决定了视频能否被搜索引擎收录、能否被用户查看到。

该视频的标题比较符合搜索引擎的检索，其中关键词"人教版""化学中考实验""物质检验"已经明确地说明了视频的内容，以便搜索引擎读取视频的信息，进而对视频进行收录；对于用户而言，标题也比较符合他们的搜索习惯。

2．简介

视频简介主要是对视频内容进行简要的说明，其中标题中的关键词最好出现在简介中，以提升视频被搜索引擎收录的概率。除此之外，网站还可以在简介中适当加入网站介绍，增强访客对网站的印象。因此，对视频简介可进行一定的优化，具体如下所示。

××网校提醒广大考生：物质的检测和鉴别是化学实验中的重要考点之一。每个考生学会利用实验方法鉴定物质的组成，然后确定物质是什么、组成成分有哪些，常用的实验方法包括：观察法、溶解法、燃烧法、滴加试剂法、烧灼法等。××网校，致力于中考 30 年的金牌教育机构！

3．分类

由于大型视频门户网站的视频类型众多，正确的视频分类能够保证上传的视频快速通过网站的审核。因此，该视频的分类为教育。

4．标签

视频标签也是指视频内容的关键词，精准的视频标签能够提升视频的搜索排名。如果视频打上了关键词标签，用户通过搜索引擎就能够搜索到视频。

该视频的标签分别是"人教版化学""中考""化学实验""物质检验"，表明了视频的内容，和视频标题的关键词相互呼应，可确保搜索引擎对这部分关键词的检索和收录，同时也方便了用户查看视频。

当视频上传完成后，站长还需要进行一系列的宣传，如图 7-27 所示。站长可以将视频直接分享到社交平台中，例如微信、QQ 空间、新浪微博等。此外，优酷还提供了通用代码、Flash 代码和 HTML 代码，复制代码可以在不同的终端观看视频。

图 7-27　视频的基本信息

综上所述是视频的基本信息SEO，其核心点在于多维度地对关键词进行优化，包括了标题关键词、简介关键词以及标签关键词，最终实现网站被检索和收录的目的。

7.6.2 视频的数据分析

当视频上传一段时间后，还需要对视频的数据进行分析，包括视频的播放数和播放时长、播放来源以及地域分布。那么接下来的内容将结合图7-26所述范例，逐一对视频数据进行分析。

1．播放数和播放时长

播放数直接反映了视频对用户的吸引程度，播放数越多说明视频的用户吸引度越高；而播放时长则集中体现了用户对视频内容的黏性，播放时长越长则表示对用户的黏性越强。图7-28所示是该视频在最近7天的播放数和播放时长。

从统计图中可以很直观地看出：在3月19日，视频的播放数和播放时长达到峰值，其中播放数为9，播放时长为9.6分钟。在此之前和之后的播放数和播放时长均处于较低迷的状态。

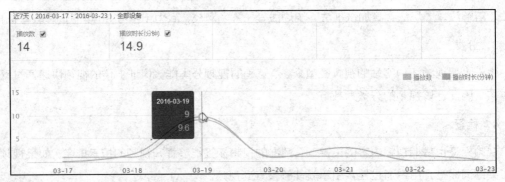

图7-28　播放数和播放时长

因此，站长就要根据后台的统计数据分析出现这种问题的原因，是关键词的优化程度不高？还是视频被搜索引擎收录的数量少？或是视频的推广少？通过全方位的分析之后，再有针对性地优化视频。

2．播放来源

播放来源是指用户查找到该视频的路径，播放来源越多则说明该视频的宣传渠道越广。图7-29所示是该视频在最近7天的播放来源。

从视频的播放来源可以看出：大部分访客都是来自搜库，即直接从优酷网站视频库中搜索并播放视频；其次是来自站外。相对于站内访客的变化趋势，站外的访客相对较稳定。

站长了解视频的播放渠道可为视频的推广奠定基础，首先是加大对搜库站内视频的优化程度，提高视频被用户搜索到的概率；其次是维护站外的访客，以吸引更多的访客。

3．地域分布

地域分布是指访问视频的用户所在的地点。站长通过地域分布的分析，可清楚掌握不同地域的用户需求。图7-30所示是最近7天视频在全国范围内播放次数前七个地区的统计图。

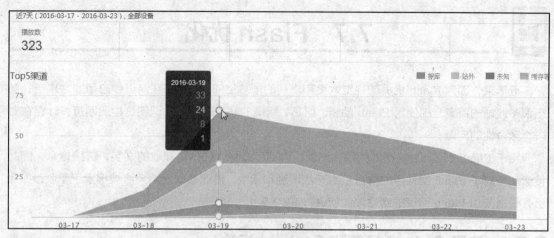

图 7-29　播放来源

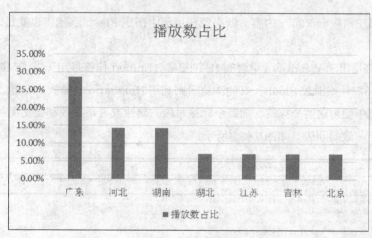

图 7-30　地域分布

以播放次数为维度，可以将全国的地域分为 3 个梯队，第一梯队是播放数第一的广东省，播放占比为 28.6%；河北省和湖南省以 14.3% 的占比并列第二梯队；第三梯队则是湖北省、江苏省和山东省等省市，其播放占比均为 7.1%。

站长在了解访客的地域分布之后，有利于网站在后期进行区域性的推广和宣传。网站在进行定向推广的时候，绝对不能根据个人主观猜想而草率决定推广地域。在大数据时代，唯有精准的数据才最有说服力。

因此，视频的数据分析主要是从播放数和播放时长、播放来源和地域分布 3 个层面，由表及里、循序渐进地对视频的访客进行分析，以了解不同地域访客的实际需求，为网站的定向推广提供强有力的数据支撑。

企业在高权重的视频网站进行视频 SEO，其核心目的是将视频网站的流量引入自己的网站中。企业通过在视频的片头、片中和片尾插入企业 logo、品牌、版权申明等信息，也是提升企业网站知名度的方法。

7.7　Flash 优化

近年来，因为 Flash 优美的视觉效果和广阔的创意空间，Flash 在网页中应用非常广泛，甚至很多网站的首页全部使用 Flash 动画。但是，网站的站长还没有意识到这样的网页设计存在着一个致命性的问题。

由于 Flash 都是 SWF 格式的媒体文件，内部没有包含任何可抓取的文字、链接信息，因此搜索引擎对于 Flash 文件中的信息根本无法识别和读取，进而造成网站无法被搜索引擎收录。那么，针对使用 Flash 网页的网站该如何进行 SEO 呢？

7.7.1　使用 Object 标签和 Embed 标签

网页中要想正常显示 Flash 内容，就必须在页面中指定 Flash 路径，也就是 Object 标签和 Embed 标签。

Object 标签是用于 Windows 平台的 IE 浏览器，Embed 标签是用于非 IE 浏览器。IE 浏览器利用 Activex 控件来播放 Flash，其他浏览者则利用 Netscape 来播放 Flash。

如果在网页中使用这两个标签，则每个标签对应的属性或者是参数都要使用相同的值，以确保在浏览时进行一致的回放，如图 7-31 所示。

```
01.  <object classid="clsid:d27cdb6e-ae6d-11cf-96b8-
     444553540000" codebase="http://fpdownload.macromedia.com/pub/shockwave/cabs/flash/swflash.cab#version=6,0,0,0" width="900" hei
02.            <param name="movie" value="zhuanpan.swf">
03.            <param name="FlashVars" value="prizeResult=3">
04.            <param name="quality" value="high">
05.            <param name="menu" value="false">
06.            <param name="wmode" value="transparent">
07.            <param name="allowScriptAccess" value="always" />
08.            <embed src="zhuanpan.swf" FlashVars="prizeResult=3" allowScriptAccess="always" wmode="transparent" menu="false" qu
     shockwave-flash" pluginspage="http://get.adobe.com/cn/flashplayer/" name="FlashZhuan" />
09.  </object>
```

图 7-31　Object 标签和 Embed 标签

Object 标签的 "classid" 和 "codebase" 属性应按照上述范例进行书写，这是告诉浏览器自动下载 Flash Player 的地址。如果计算机没有安装 Flash Player，那么系统会自动弹出一个提示框，询问是否需要安装 Flash Player。如果用户不安装，则无法浏览 Flash。

Embed 标签则是告诉其他浏览器 Flash Player 的地址，用户安装完成后需要重启浏览器浏览 flash。

为了确保 IE 浏览器和非 IE 浏览器能够正常显示 Flash，站长需要将 Embed 标签嵌套在 Object 标签中。如果站长忽略了 Embed 标签，那么网站的 Flash 只能被 IE 浏览器识别，而无法被火狐浏览器识别。

在网页中使用 Object 标签和 Embed 标签，从根本上解决了 Flash 在网页使用中出现的问题，对于大部分的浏览器都适用，提升了网站的用户体验，进而达到了 Flash 的优化效果。

7.7.2　使用 SWFObject 模板

在网页中使用 Object 标签和 Embed 标签来优化 Flash 是属于比较复杂的优化方法,既要针对 IE 浏览器,又要包含其他浏览器;而且,Object 标签和 Embed 标签中的很多参数值都是重复的。因此,站长也在寻求一种更加简捷的方法来实现 Flash 的优化,而 SWFObject 模板则是最佳选择。

SWFObject 是一种用于网页中方便插入 Flash 媒体资源(*.SWF 文件)的独立脚本模板。图 7-32 所示是一个简单的源代码。

源代码的参数地址依次是 SWF 文件的地址,用于装入 SWF 文件容器的 ID;接着是定义 Flash 的高度、宽度和最低版本。如果当前版本低于要求,立即执行 SWF 文件,利用 Flash 跳转到官方专区下载最新版本的 Flash 插件。

```
1.   <script type="text/javascript" src="swfobject.js"></script>
2.   <script type="text/javascript">
3.     swfobject.embedSWF("test.swf", "fileID", "200", "120", "9.0.0", "expressInstall.swf");
4.   </script>
5.
6.   <body>
7.   <div id="fileID" />
8.   </body>
```

图 7-32　SWFObject 源代码

如果需要在同一页面中将多个 Flash 插入不同位置,只需要重复上面语法、使用不同容器 ID 即可。

SWFObject 模板提供了完善的版本检测功能,可操作性强,只需要在页面头加载一个 JS 文件,然后在 HTML 中设置一个容器,用于存放普通文本和图片。当 Flash 无法显示时,则以普通文本的形式进行展示。

SWFObject 模板利用脚本在网页中插入 Flash,使得插入 Flash 的过程更加便捷和安全,并且符合搜索引擎优化的原则,进而实现网页的优化,提升网页被搜索引擎的收录量。

7.7.3　使用辅助 HTML 版本

前面两个小节所讲述的 Flash 优化方法主要是从技术层面出发,立足于网页的源代码,一种是网页中使用 Object 标签和 Embed 标签,确保 Flash 能够在不同浏览器中正常播放;另一种 SWFObject 模板则是利用脚本在网页中插入 Flash 文件。

这两种方法都是现阶段技术水平的集中体现,但是从网页 SEO 的发展趋势来看,还需要考虑到移动端网页的优化。

随着移动智能终端技术的发展,PC 端作为主要网页浏览入口的地位受到了威胁,而 Flash 存在的诸多问题也无法忽略。例如,Flash 页面和播放器加载速度慢,消耗过多的移动流量和移动设备的电量,且 Flash 一直以来的安全问题也使得网页的浏览面临着极大的风险。

而 HTML 的诞生和应用,则是为了解决 Flash 无法解决的问题。随着 HTML 技术的发展和升级，HTML15 打破了以文字和静态图片为主的 HTML14 语言，可以直接在网页内嵌入音频、视频以及复杂的程序代码，无须任何插件。

由于没有了播放器的舒服，基于 HTML15 编写的网页可以适应不同大小的浏览窗口。网页不用再加载复杂的 Flash 框架，对于 PC 端来说，减轻了服务器的压力，提升了网页的响应速度，增强了网站的用户体验；对于移动端来说，大大减轻了网页对移动流量、设备电量和性能的消耗。

网站在设计 HTML 页面的过程中会投入大量的时间和精力，但是从长远发展来看，不但能够适应搜索引擎的索引和抓取原则，也能够满足未来移动终端的发展需要。因此，网站使用辅助 HTML 是很有必要的。

Flash 优化不仅仅需要提升网站管理人员的技术和能力，结合当前网页优化的发展趋势来看，移动端网页优化必定是网站 SEO 的重头戏。而关于移动端网页 SEO 则会在后面的章节进行详细讲解，故在此处不作过多阐述。

 **实战演练**

移动电子商务推进了各行各业转型，传统的家电行业也不例外。家电行业逐步呈现出"互联网+智能产品"的模式发展，即家电的营销模式从传统的销售渠道转变为"网络营销为主，线下销售为辅"。

小明是某家电网站的 SEOer，网站页面的优化是他每天工作的重点内容之一。由于家电行业的竞争非常激烈，尽管网页 SEO 已经精益求精，但是网站的排名却仍然比较靠后。

为了分析原因，小明决定查看同行的情况。于是在搜索结果中，选择排名靠前的网站进行研究。进入同行的网站，面对五花八门的页面，小明不知如何下手。

请结合本章中所讲述的内容，为小明讲解该如何查看同行网站的网页源代码，并从网站标题、Meta 标签和图片 3 个维度分析同行网页值得借鉴的地方。

08 第8章
网站链接的优化

本章简介

互联网通过链接的形式将信息连接起来，搜索蜘蛛沿着网站页面的每一个链接层层深入追踪，完成对网站信息的抓取和收录，并且用户就是通过链接获取自己所需要的信息。由此可见，网站链接的优化也是网站 SEO 的重要课程之一。

在本章中主要将讲解网站链接的优化，先讲解链接的含义和分类，再针对不同类型的链接进行优化。

学习目标

1. 了解网站链接的定义和分类；
2. 学会对内部链接和外部链接进行优化。

8.1 链接的基础知识

一个网站是由若干个网页组成的，而站点的页面之间是由链接连接起来的。网站的链接能够为访客指明网站的浏览路径，同时也能够引导搜索引擎抓取网页，传递网站的权重。

因此在网站 SEO 过程中，一定要做好链接的优化。在进行链接优化之前还需要了解链接的相关基础知识，其中主要包括链接的定义和分类。

1. 链接的定义

链接也被称为"超链接"，主要是指从一个网页指向另一个目标的连接元素，例如文本、图像、URL。当浏览者单击链接后，链接目标将自动显示在浏览器上，并根据目标的类型来运行。

链接也属于网页的一部分，各个网页的链接全部组成在一起后，才能构成一个真正的网站。

链接是从文本、图像或者信息对象到另一个可选链接。而在万维网中，这些对象涵盖的范围极广，包括音频、视频、Flash 动画等。最终，链接使万维网成为了一个巨型网络。

2. 链接分类

按照不同的标准，链接有不同的分类方法，其中主要是按照使用对象和链接路径来分类，具体如图 8-1 所示。

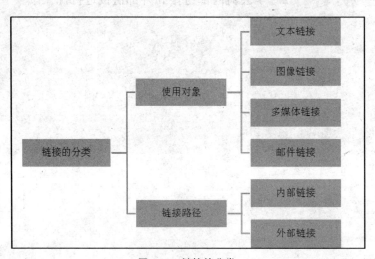

图 8-1 链接的分类

对于网站链接 SEO 而言，主要是按照链接的路径来执行优化任务的。因此，在下面将重点讲解如何优化网站的内部链接和外部链接。

8.2 内部链接的优化

内部链接，顾名思义，就是指在同一网站域名下的内容页面之间的相互链接。

网站通过对内部链接的整合和优化，能够为搜索蜘蛛识别网站主题和抓取网页提供一条绿色通道，进而提升网站页面的权重，达到搜索排名靠前的效果；同时，也能够为访客提供优质的用户体验。因此，网站的内部链接是网站优化的重中之重。

8.2.1 Nofollow 标签

在任何一个网站中，网站的页面都有主次之分，那么同一网页中不同页面的 PR 值也不同。在 SEO 过程中，PR 值是被用来评估网页优化成效的重要数据指标。

PR 值全称为 PageRank（网页级别），用来表现网页等级的一个标准，级别是 0 到 10，是 Google 用于评测一个网页"重要性"的一种方法。数值越大，重要性越高。

在一个健康的网站中，PR 值的传递应该是比较均匀的，首页最高，栏目页面其次，内容页面是最后，具体如图 8-2 所示。

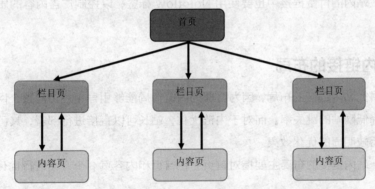

图 8-2　网页 PR 值的传递

因此，为了避免非主要网页分摊 PR 值，就需要在非主要网页中添加 Nofollow 标签。

Nofollow 标签是 HTML 标签的属性值，它告诉搜索引擎不要追踪该网页上的链接。通常情况下，Nofollow 标签根据位置的不同有两种写法，具体如下所示。

（1）Nofollow 标签在 Meta 标签中

将 Nofollow 标签写在 Meta 标签上，用来告诉搜索引擎不要抓取该网页上任何链接，其语法如下所示。

```
<meta name="robots" content="nofollow" />
```

（2）Nofollow 标签在链接中

将 Nofollow 标签写在链接标签上，则是告诉搜索引擎不要抓取特定的链接，其语法如下所示。

```
<a rel="nofollow" href="url"><span>……</span></a>
```

图 8-3 所示是某教育培训网站在网页链接中使用的 Nofollow 标签。该教育培训机构在全球都开设有培训学校，为了避免搜索引擎抓取各地学校网页而在链接中设置 Nofollow 标签，进而提升网站首页和其他页面的 PR 值。

```
138  </div>
139  <!-- 登录后状态 E-->
140  <!-- 各地学校 S-->
141  <div style="display: none;" class="no sg_school2 fix">
142      <ul class="ul1">
143  <li><span>A</span><em><a href="http://as.    .cn/" rel="nofollow">鞍山</a></em></li>
144  <li><span>B</span><em><a href="http://bj.    .cn/" rel="nofollow">北京</a></em></li>
145  <li><span>C</span><em><a href="http://cq.    .cn/" rel="nofollow">重庆</a>
                          <a href="http://cd.    .cn/" rel="nofollow">成都</a>
                          <a href="http://cs.    .cn/" rel="nofollow">长沙</a>
                          <a href="http://cc.    .cn/" rel="nofollow">长春</a></em></li>
146  <li><span>D</span><em><a href="http://dl.    .cn/" rel="nofollow">大连</a>
                          <a href="http://www.    .org/" rel="nofollow">多伦多</a></em></li>
147  <li><span>F</span><em><a href="http://fz.    .cn/" rel="nofollow">福州</a>
                          <a href="http://fs.    .cn/" rel="nofollow">佛山</a></em></li>
```

图 8-3　Nofollow 标签在网页链接中的使用

因此，从网站的内部链接在进行优化的角度来讲，Nofollow 标签主要是限制一部分不需要的传递权重或者是权重较低的网页及站点。它们并没有竞争排名的作用，只是站内的功能性页面，例如注册登录、免责申明、联系我们、隐私保护等页面。

此外，Nofollow 标签在网站中还能够防止付费链接分散网站的权重和 PR 值。在实际的网站 SEO 中，很多中小型网站会在站内进行付费推广，这部分广告链接能够传递的权重也是比较高的。因此，在站内的付费链接中也要使用 Nofollow 标签，以控制广告内容的质量，阻止网页权重的传递。

8.2.2　站内链接的布局

网站都很讲究站内链接的布局，因为合理的内链布局能够引导用户访问整个网站，提升网站的访问深度，降低网站的跳失率。而对于内链优化，站长可以直接进行部署，其可控性较大，能够在短期内取得较明显的优化效果。

一般来说，站内链接的布局主要指对首页、栏目页和内容页 3 个方面进行优化。那么，下面将逐一介绍。

1. 首页

首页是整个网页中最重要的部分，因为首页是一个网站流量的中转站，清晰的导航能够为用户指引网站的访问路径，并有效降低网站首页的跳失率。常见的网站导航链接包括顶部主导航链接、面包屑导航链接、侧边栏导航链接和底部导航链接。

图 8-4 所示是腾讯网的首页导航条，从导航条中可以很直观地了解到：网站首页主要分为新闻、图片、军事、视频、热剧等。

图 8-4　网站的导航条

为了更深入地分析网站的内链，还需要通过查看网页的源代码。图 8-5 所示是腾讯网导航页面的源代码。在首页导航页面中，每个页面都有相应的导航条，为搜索蜘蛛在网页中的爬行提供明确的路径。

```
1435  <!--导航 开始-->
1436  <!--5a02c73753e495f96d96ebe14d595cd0--><div class="navBeta" id="navBeta" role="navigation">
1437    <div class="navBetaInner">
1438      <div><strong><a href="http://news.qq.com/" target="_blank" bossZone="news_n">新闻</a>
          </strong><a href="http://pp.qq.com/" target="_blank" bossZone="photo_n">图片</a>
            <a href="http://mil.qq.com/" target="_blank" bossZone="mil_n">军事</a></div>
1439      <div><strong><a href="http://v.qq.com/" target="_blank" bossZone="video_n">视频</a>
          </strong><a href="http://v.qq.com/tv/" target="_blank" bossZone="hotTV_n">热剧</a></div>
1440      <div><strong><a href="http://ent.qq.com/" target="_blank" bossZone="ent_n">娱乐</a>
          </strong><a href="http://ent.qq.com/star/" target="_blank" bossZone="star_n">明星</a>
            <a href="http://ent.qq.com/movie/" target="_blank" bossZone="movie_n">电影</a>
1441      <div><strong><a href="http://auto.qq.com/" target="_blank" bossZone="auto_n">汽车</a>
          </strong><a href="http://data.auto.qq.com/car_brand/index.shtml" target="_blank" bossZone="car_type_n">车型</a></div>
1442      <div><strong><a href="http://tech.qq.com/" target="_blank" bossZone="tech_n">科技</a>
          </strong><a href="http://digi.tech.qq.com/" target="_blank" bossZone="digi_n">数码</a>
            <a href="http://digi.tech.qq.com/mobile/" target="_blank" bossZone="mphone_n">手机<
```

图 8-5 导航内链的源代码

在首页导航链接中尽量使用关键词，关键词必须精准，并且指向相对应的页面。这样有利于搜索引擎通过链接中的关键词了解栏目的具体内容，进而实现网页的收录。

然而在实际的优化过程中，很多站长都是通过设置大量的关键词锚文本，每个页面都会链接到首页，以此增加网站首页的权重。但是在搜索引擎看来，这属于关键词堆砌行为，直接影响到关键词的排名，网页也会被降权，甚至被屏蔽。因此，站长在进行内链优化的时候要避免使用关键词堆砌。

2．栏目页

网站栏目页是根据网站整体结构以及发布信息的类别而作出具体分类来设置页面。栏目页往往位于首页和内容页之间，因此对于一个网站来说，栏目页起着承上启下的过渡作用。由此可见，网站的栏目页在网站中占据着重要的地位。那么，下面就具体谈谈如何优化栏目页链接。

图 8-6 所示是腾讯汽车频道，在网站的一级栏目中，主要包括首页、新车、视频、选车等栏目；并且在一级栏目中产生了相对应的二级栏目，例如在"选车"栏目中，则按照车型大小对所有的车再次进行细分，产生了微型、小型、紧凑型、SUV 等二级栏目。因此，当用户在访问网站的时候，就能够很迅速地根据栏目链接找到所需要的商品信息，极大地提升了用户体验。

对于中小企业的网站来说，一级栏目的数量最好不超过 6 个，栏目主要包括首页、产品、新闻、客户方案、联系方式、企业简介。过多的栏目既不利于网站的栏目优化，也会给用户的浏览带来一定的干扰。

一个成功的栏目页能够让用户在第一时间内找到自己的需求分类，也能够让搜索蜘蛛通过栏目页的关键词为网站引入大量的流量，成为网站内链优化的发力点。

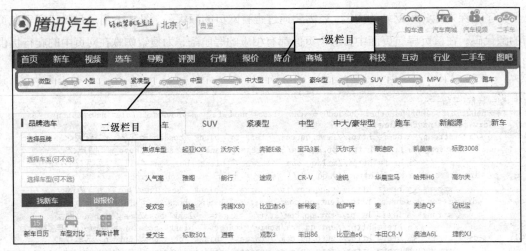

图 8-6　网站的栏目页

3．内容页

在一个网页中，包含了大量的信息，而内容页的优化则是将网页中最重要的信息标注出来，让搜索引擎知道该页面的重要信息是哪些，进而提升搜索引擎的有效索引和抓取。通常情况下，在网页中设置 H 标签是最常用的方法。

H（Heading）标签是网页中对页面文本标题所进行的着重强调的一种标签，一共有 6 种大小的 H 标签，以标签<h1>到<h6>定义标题头的 6 种不同文字大小的标题，文字从大到小依次显示重要性的递减，也就是权重依次递减，具体写法如下所示。

<h1>标题 1</h1>

<h2>标题 2</h2>

<h3>标题 3</h3>

<h4>标题 4</h4>

<h5>标题 5</h5>

<h6>标题 6</h6>

图 8-7 所示是汽车频道的一篇文章，在网页的源代码中即可查看 H 标签的使用情况。

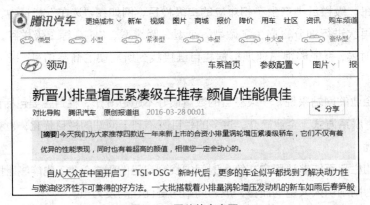

图 8-7　网站的内容页

（1）H1 标签

图 8-8 所示是 H1 标签，即文章的标题。由于 H 标签的实质是呈现出网页内容结构，而 H1 标签作为一号权重标签，其主要作用就是强调内容页的主题，在同一页面只能使用一次 H1 标签。

```
980  <div class="hd">
981  <h1>新晋小排量增压紧凑级车推荐 颜值/性能俱佳</h1>
982  <div class="qq_bar clearfix" bosszone="titleDown">
```

图 8-8　H1 标签

（2）H2 标签

图 8-9 所示是与该文章相关的阅读和搜索，其对应的源代码分别如图 8-10 和图 8-11 所示，也就是 H2 标签。

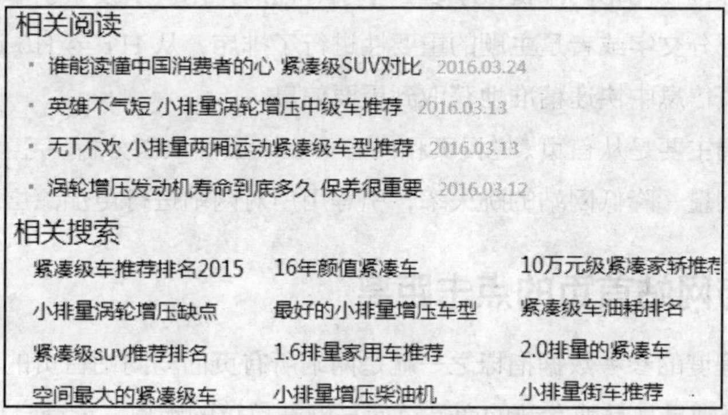

图 8-9　"相关阅读"和"相关搜索"

```
1164  <div class="qq_keySearch clearfix">
1165  <div class="hd"><h2>相关搜索：</h2></div>
1166  <div class="bd" id="SogouKeywordsList"></div>
```

图 8-10　"相关搜索"H2 标签

```
1144  <div class="qq_aboutRead">
1145  <div class="hd"><h2 bosszone="keyword" id="videokg"
1146  <span class="readTit">相关阅读</span></h2></div>
```

图 8-11　"相关阅读"H2 标签

由此可见，H2 标签主要是用于栏目分类标题或者是副标题，其权重仅次于 H1 标签，也是链接优化的重点内容之一。

（3）H3 标签

图 8-12 所示是网站为用户推荐的文章，文章对应的源代码如图 8-13 所示，即 H3 标签。

H3 标签的权重低于 H2 标签，主要应用于小段落标题或者是小节标题，作用是利用相似内容的推送，吸引用户点击查看文章，对网站进行更加深入的访问。

在网站内链的优化过程中，为了更好地呈现出页面内容结构，通常只需要 H1~H3 的重要内容，兼顾用户浏览体验和搜索引擎的识别和区分。

看吉利博越一上市 哈弗要哭了！

2016-03-27 08:00:59

9.88万元的起售价让不少用户蠢蠢欲动。

图 8-12 "相关阅读"H3 标签

```
1496  <div class="txt">
1497  <h3><a target="_blank" href="http://auto.qq.com/a/20160328/023228.htm">看吉利博越一上市 哈弗要哭了！</a></h3>
1498  <span class="date">2016-03-27 08:00:59</span><p>9.88万元的起售价让不少用户蠢蠢欲动。</p>
1499  </div>
```

图 8-13 "为您推荐"H3 标签

综上所述，H 标签在网站内部链接中起到了引导性的作用。从搜索引擎的识别角度来说，H 标签对网站中的一部分文字或者是主题的重要性进行了排序，从 H1 至 H6 逐级递减，有利于搜索引擎从海量的网页信息中快速精准地获取到重要信息。

站内链接的布局主要是从首页、栏目页和内容页三个层面依次分析，完善和优化内链的布局，能够增加网站的访问量，降低网站的跳失率，引导用户对网站进行更加深层次的访问。

8.2.3　页面与网站首页的点击距离

网站内链优化程度的参考数据指标之一就是网站所有页面与网站首页的点击距离。

图 8-14 所示分别是某品牌女装的商品页面与网站首页的距离。该商品位于网站的第 6 级页面中，也就意味着：用户想要查找到该商品，可能需要连续访问 5 个页面。

首页 ＞ 运动户外 ＞ 女运动装 ＞ 外套 ＞ 户外外套 ＞ 皮肤衣 防晒轻弹 反光 女款

图 8-14　优化前的页面点击距离

然而在实际的访问过程中，用户如果连续访问 3 个页面都还没有寻找到需要的商品信息，大部分用户往往会放弃继续访问，造成网站的跳失率很高。

因此通常情况下，用户在访问网站的时候，首先是到达首页，如果商品页面与网站首页的点击距离短，则被用户查看到的概率更大；如果商品页面与网站首页的点击距离远，则被用户查看到的概率就相对低一些。

基于商品页面与首页的点击距离来进行优化，其优化后的结果如图 8-15 所示。优化后的商品位于第 4 级页面，用户只需要点击 3 次就能查看到商品，极大地提升了商品的曝光度，促进了潜在成交转化率的提升。

首页 ＞ 运动户外 ＞ 女运动装 ＞ 皮肤衣 防晒轻弹 反光 女款

图 8-15　优化后的页面点击距离

综上所述，对于大部分普通企业的网站来说，页面与网站首页的点击距离最好不超过 3 次。而要实现这一点，最有效的方法就是使网站内链结构上尽量扁平化，具体如图 8-16 所示。

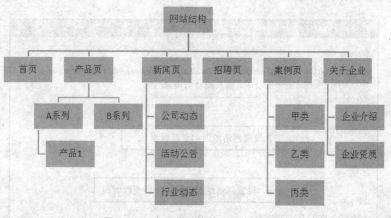

图 8-16 扁平化结构的页面点击距离

网站导航系统的安排对于链接层次至关重要。首先，主导航中出现的页面低于首页的层次，网站到导航中的页面越多，网站就越扁平化。但是用户体验和页面链接总数都不允许主导航中有太多链接，因此站长在进行网站内链 SEO 的时候需要注意到这点。

8.2.4 网站地图的设置

由于部分网站的链接结构复杂，链接层次较深，因此搜索蜘蛛很难抓取页面，从而导致网页无法被收录。为了解决这一问题，网站往往会设置网站地图。

网站地图又名"站点地图"，是指在网页中放置了网站需要搜索引擎抓取的所有页面链接。网站地图相当于一个网站所有链接的容器，可方便搜索蜘蛛了解网站的结构，增加网站重要页面的收录量。

一般而言，网站地图主要分为锚文本形式和超链接形式。锚文本主要是将网站的主要页面使用关键词链接到首页中，如图 8-17 所示。

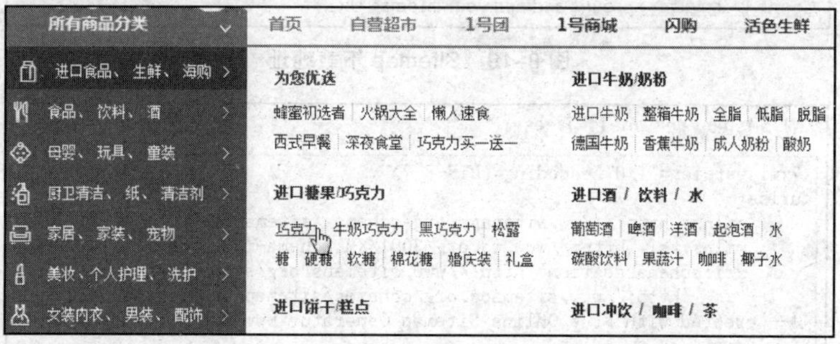

图 8-17 锚文本网站地图

而超链接形式是指网站所有的链接以超链接的形式集中到一个页面，统称为"Sitemap"。这种网站地图的格式主要分为两种，分别是 HTML 格式和 XML 格式。通常情况下，站长可以直接利用工具生成 Sitemap。下面将介绍一款免费网站地图生成器。

　　站长直接登录到 xml 网站地图（xml-sitemaps.com）首页，只需要进行 5 个步骤就能完成网站地图的生成，具体如图 8-18 所示。

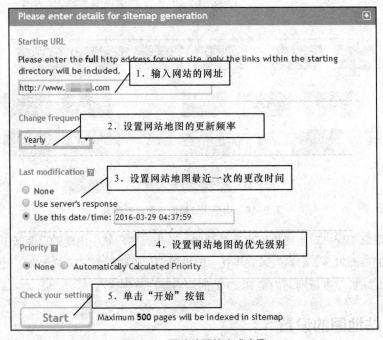

图 8-18　网站地图的生成步骤

　　当 Sitemap 生成之后，页面自动跳转至结果页面，为站长提供了下载地址，如图 8-19 所示。而且还可以查看 Sitemap 目录，如图 8-20 所示。

图 8-19　Sitemap 下载地址

```
XML Sitemap content (1 pages) :

<?xml version="1.0" encoding="UTF-8"?>
<urlset
      xmlns="http://www.sitemaps.org/schemas/sitemap/0.9"
      xmlns:xsi="http://www.w3.org/2001/XMLSchema-instance"
      xsi:schemaLocation="http://www.sitemaps.org/schemas/sitemap/0.9
            http://www.sitemaps.org/schemas/sitemap/0.9/sitemap.xsd">
<!-- created with Free Online Sitemap Generator www.xml-sitemaps.com -->

<url>
  <loc>http://chinaz.com/</loc>
</url>
</urlset>
```

图 8-20　Sitemap 目录

最后，站长将生成的 Sitemap 文件上传到网站的根目录下，就完成了网站地图的设置。

网站地图是根据网站结构、链接和内容生成的导航性网页链接。对于搜索引擎来说，网站地图为搜索蜘蛛提供了可以浏览整个网站的框架以及方便快捷的通道，避免出现死链接的干扰，从而提升搜索蜘蛛的抓取效率。

网站地图更多的是为访客服务，尤其是大型的门户网站。如果用户访问站内不存在的链接，用户会被转到 404 错误页面，严重降低用户对网站的好感程度；而网站地图则可以将该页面的"新内容"引导用户转向其他的页面，降低网站的跳失率。

在网站 SEO 行业中，一直存在着"内链为王"的说法，即做好内链工作，网站 SEO 就成功了一半。在本小节中主要针对 nofollow 标签、链接布局、页面与首页距离和网站地图 4 个维度讲解，在实际的优化过程中，内链优化所涵盖的细节较多，也包括了关键词优化、网站结构、锚文本等。因此，站长需要结合多方面的优化因素来执行优化任务。

8.3 外部链接的优化

在一个网站中，许多网页相互链接在一起，形成了一个完整的站点信息。但是一个网站不可能承载互联网上的所有信息，因此还需要大量的辅助链接，也就是外部链接。

外部链接简称"外链"，是相对于内链而言，指从别的网站导入到自己网站的链接，因此又被称为"导入链接"。外部链接对于网站优化是一个非常重要的过程，不仅能够直接为网站带来流量，并且还能够提升网站权重。下面将介绍如何对外部链接进行优化。

8.3.1 判断外部链接的质量

在进行外链 SEO 之前，站长要形成这样的认识：外链的优化不仅仅是为了提升网站的流量，一个高质量的外部链接为网站的推广提供了最核心的资源。

在实际的优化过程中，很多网站的外链数量多，但是优化效果却不甚理想，这也是建立优质外链的原因所在。那么，站长该如何判断优质的外部链接呢？图 8-21 所示是优质外链的特征。

1. 相关性强

相关性是指外链的主题或者关键词与自身网站的关联程度。相关性越强，越适合用作外链；反之，则相反。

例如，北京××中小学教育网站主要是营销中小学教学视频的网站，其外链可以设置为各大出版社、国家教育平台和门户视频网站。

站长选择相关性强的站点主要是从用户体验的角度出发，相关性站点外链的用户定位很精准，链接的点击率很高，会给网站带来大量的流量，也能相应地提升网站的成交转化率。

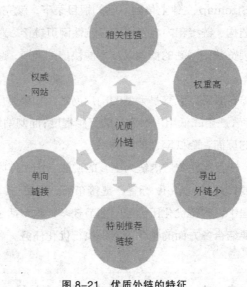

图 8-21　优质外链的特征

2．权重高

一个网站的权重越高，在搜索引擎中所占的分量就越大，在搜索引擎中的排名就越靠前。网站的权重主要是从网站更新文章收录速度和网页快照更新速度判断。

网站发布一篇文章，从发布到被搜索引擎收录的时间越短，就说明权重越高；搜索引擎对于每个网站重要页面都有网页快照，网页快照的更新速度越快，说明网站的权重越高；具体如图 8-22 所示。

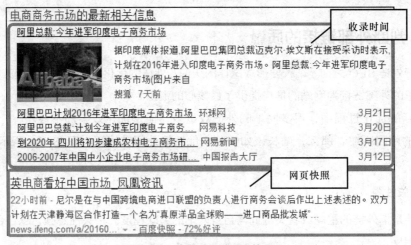

图 8-22　收录时间和网页快照

3．导出外链少

即使网站的权重很高，但是如果导出外链过多，最终分配到自身网站的权重就很低。因此，在进行外链 SEO 的时候尽量选择导出链接较少的网站。

4．特别推荐链接

特别推荐链接主要是指论坛中的链接，例如精华帖、置顶帖。如果将链接设置在相对应的位置中，则可能会获得更多的曝光机会，从而为网站带来流量。

5．单向链接

单向链接指链接到一个网页的超链接，而没有相应链接到原来的网页。随着第三方博客平台的建立，为创建单向链接提供了良好的平台，如图 8-23 所示。

图 8-23　单向链接

6．权威网站

域名 edu、gov、ac 分别表示教育机构、政府机构和科研机构，这些域名都代表权威机构，具有一定的公信力，是搜索引擎非常信任的站点，收录量高，排名靠前。如果网站有这样的外链，就能够大幅度提升网站的流量。

在清楚了优质外链特征后的基础上，站长就可以根据相关的标准来选择优质的外链，最终达到提升网站流量和排名的目的。

8.3.2　挖掘优质外链的方法

如今，搜索引擎也越来越重视外链的优化，而如何获取高质量的外链则是网站外链优化的重点内容之一。很多网站拥有的外链资源很少，在进行外链 SEO 的时候受到很大的局限。那么，在本小节中将讲解如何挖掘优质的外链。

1．利用工具寻找相关站点

网站站长充分利用各种工具来搜寻相关站点，例如爱站网、百度站长、A5 站长。下面将以爱站网为例，讲解如何寻找到相关站点。

在爱站网的相关站点搜索框中直接输入关键词"出国留学"，即可查询到相关的站点，如图 8-24 所示。

由图可知，一共搜索到 796 个站点，其中权重 4 以上的网站有 31 个，权重 4 以下的网站有 765 个，关键词的竞争程度非常激烈。

相关站点　输入域名或关键词：出国留学　　不显示二级域名　查询　☑参考百度

关键词(Keywords)含有"出国留学"	权重4以上	权重4以下	百度收录量	关键词指数	竞争
共找到 796 个站点	31	765	-	-	超激烈

按百度权重排序　　按Alexa排序

＿＿＿.cn　　　　　　　　　　　　　　　　　　　Alexa: 115124　☺8 百度IP: 43392 ~ 67070

标题	＿＿文章网-一起去留学网_出国留学资讯
描述	出国留学"留学签证,留学费用等出国留学资讯
关键词	留学 出国 出国留学 留学签证 留学费用

＿.cn　　　　　　　　　　　　　　　　　　　　　Alexa: 92249　☺8 百度IP: 6364 ~ 10286

标题	＿＿＿留学-中国出国留学领导品牌,国内专业留学服务解决方案咨询机构。
描述	＿＿＿留学,国内出国留学咨询权威机构,涵盖出国,留学,游学,签证,移民等频道,提供全方位的美国留学,加拿大留学和英国留学等各国最全面的留学费用、留学条件、留学生活、留学名校、移民签证等权威资讯,打造国内专业出国留学服务平台。
关键词	＿＿＿＿留学 美国留学 英国留学 加拿大留学 留学 签证 移民

＿.cn　　　　　　　　　　　　　　　　　　　　　Alexa: 62743　☺8 百度IP: 4584 ~ 7064

标题	＿＿教育首页-出国留学中介排名顶级的咨询服务机构,专业提供美国英国加拿大澳洲欧亚出国留学信息和360度留学规划
描述	新通教育是国内领先的集出国留学中介,外语培训,游学预科,移民为一体的综合性国际教育集团.新通教育全球30多家分支机构,1500名国际教育精英为您提供360度留学信息咨询,外语培训,游学,预科,移民全方位国际教育服务
关键词	留学 出国留学 留学中介 留学信息 留学中介排名

＿＿＿.cn　　　　　　　　　　　　　　　　　　Alexa: 56639　☺7 百度IP: 31660 ~ 41608

标题	＿＿＿留学官方网站_出国留学免中介申请_美国留学选校服务_美国留学免费咨询
描述	＿＿＿留学官方网站(＿＿＿＿.cn)是免中介美国留学申请服务网站,提供美国高中留学、美国本科留学、美国研究生留学、美国合作院校等美国留学选校免费咨询,具体包括美国留学资讯排行榜,美国大学信息,美国留学条件,美国高中、本科、研究生院校搜索,热门专业留学费用,留学条件,奖学金申请,热招院校推荐,招生活动院校招生宣见面会,＿＿＿网站提供最丰富权威的留学信息。
关键词	留学 出国留学 美国留学 美国留学申请 美国留学费用 美国大学排名 留学中介 留学咨询

图 8-24　相关站点查询

　　相关站点的搜索结果按照百度权重进行排序，单击站点域名即可查看站点的详细信息，包括网站排名、域名年龄、SEO 信息、搜索引擎收录量以及网站文章收录时间。图 8-25 所示是某站点的细分属性。

世界排名	三月平均: **93,451** ALEXA数据预估流量: IP≈ 1,800 PV≈ 1,980					
域名年龄	13年13天（创建于2003年3月17日）					
域名持有	北京＿＿＿出国留学咨询服务有限公司 拥有 **1** 个站点， ＿＿＿@overseas-edu.com 与 **1** 个站点有关联					
网站速度	电信响应: 84.286毫秒					
seo信息	PR **7**▬▬ 百度权重 **6** 移动权重 **3** 网站历史　来路曲线　首页位置 1　外链 12 百度索引量:534,661　预计来路 : 4494 ~ 7448 IP　出站链接:5个首页内链:777个					

搜索引擎	☺百度	Ｃ谷歌	☺360搜索	Ｓ搜狗	☺24小时收录	72 篇
收录数量	649,000	127,000	0	823,229	一周收录	25万篇
反向链接	1,490,000	-	0	-	一月收录	25.3万篇

图 8-25　站点细分属性

站长从网站的细分属性可以很直观地了解到：该站点的流量大，网站权重高，搜索引擎的收录量高，且文章的收录速度快。那么，该站点是否适合网站的外链资源呢？还需要参考站点的外链数量。

在 SEO 信息分类中查看站点的外链数量，该站点的外链数量为 12 个，如果站长将此站点作为外链资源的话，最终分配到网站的权重也比较高。所以，此网站适合作为外链。

因此，站长在选择相关站点的时候一定要结合实际的数据，首先衡量网站的流量和权重，尽量选择人气高、排名靠前的站点；其次选择外链量少的站点，以此获得更高的权重。

2．使用 domain 语法查询

domain 本身具有"域""区域""域名"的意思，从语法通配符的角度来讲，domain 命令可以查询任何字符，主要用来查看外链的流行度，但是 domain 命令是百度独有的语法，谷歌查询则用 link 命令。domain 命令的语法是：domain:域名。

如图 8-26 所示，直接在搜索引擎中输入查询语法，即可查看到精准的站点信息，再通过百度站长平台分析收录量的情况。

图 8-26 domain 语法查询

在百度站长平台中，网站站长可以查询任意网站所发布的外链信息。如图 8-27 所示，直接在搜索框中输入需要查询的网站，即可查看到外链总数、链接到自身网站的域和被链接网页。

请输入您想查询的网站地址：http://www.████.com/ 查询

外链总数：72

链接域名	链接数	链接网页数
██████.com	10	10
█████.com	10	9
████.net	10	5
█████	10	9
████.cn	10	10

图 8-27 domain 语法查询

部分站长习惯使用引号对域名进行搜索链接，例如"www.liuxue.com"。这个方法和"domain:域名"具有异曲同工之妙，这种查询语法是让搜索引擎找出标题或者是网页中包含"www.liuxue.com"的外链。

3．分类信息平台增加外链

在网站的外链优化过程中，分类信息平台也是不错的选择，例如 58 同城、赶集网、百姓网、易登网。

站长注册网站的会员就可以免费发帖，在帖子内容中详细发布公司业务、产品，并且添加网站链接。在分类信息网站中发帖很容易被搜索引擎收录，最终网站不仅会收获大量的流量，还能促成成交的转化。

4．开放分类目录平台

开放分类目录是指把互联网网站信息收集在一起，并且按照不同的分类、主题放在相对应的目录中。在搜索引擎出现之前，开放分类目录的应用相当广泛，例如 Dmoz、Edcba、Coodir。图 8-28 所示是 Dmoz 的首页。

图 8-28　Dmoz 首页

随着搜索引擎的出现，网站分类目录的应用和普及度逐渐减弱，但是分类目录能够获取其他分类目录网站的调用，使网站获得更多的推广机会。网站被分类目录平台收录，可以增加网站PR 值。

综上所述，站长可以通过以上 5 种方法来寻找优质的外链，以丰富网站的外链储备资源。此外，站长还可以通过论坛、贴吧、博客等社交平台进行外链的优化，而发布软文就是最常见的外链优化方式。

一个正常的网站，不但有导入流量，还有导出流量，而导出流量则是由导出链接来完成的，即网站的友情链接。由于很多站长对于导出链接存在一定的误解：导出链接会传递网站的权重，不利于网站 SEO。

实际上，网站通过添加一些相关行业的站点作为友情链接，对网站的流量进行合理的疏导，确保网站长期处于健康状态，尤其是导出一部分垃圾流量、恶意点击流量。所以，导出链接的优化也是网站链接优化中不可忽视的内容。

实战演练

　　小琪是某电子科技企业网站的站长，属于企业运营部门员工。由于企业的规模扩大，在全国各地都成立了分公司，原来的网站已经不能适应企业的发展需求了。运营部门现阶段的任务就是对网站进行升级和改版，为了向访客展示公司的发展历程和实力，在总部的网站中需要添加全国的分公司。

　　假如你是公司运营部门的总监，请结合本章中所讲述的内容，思考该如何对网站站长小琪下达网站优化任务。

09 第9章
常用网站优化工具

本章简介

当网站搭建上线后，很多站长就认为网站的建设已经完成了一大半。实则不然，网站搭建完成才刚起步。最困难、最考验站长能力的环节是网站的管理，其中包括查询网站流量、关键词挖掘、友情链接检测以及 PR 值查询等环节。在大数据时代的今天，站长不能凭借主观的判断来运营网站。因此，借助于第三方管理工具提供的精准数据运营网站是非常有必要的。

在本章中主要为读者讲解常用的网站优化工具，以及国内外比较具有代表性的管理工具，并以网站流量和关键词为维度，逐一对网站管理工具的细分功能进行分析和介绍。

学习目标

1. 认识国内外常用的网站管理工具；
2. 了解各项管理工具的用途，并会简单地操作与使用管理工具；
3. 掌握部分拓展性的管理工具。

9.1 网站管理工具

站长运用网站管理工具能够清晰直观地查看到网站各种数据信息，包括网站 IP 地址、网站 Meta 标签检测、网页 PR 值大小以及网站流量变化趋势等；直接利用精准的数据来进行网站的优化，能提升工作的效率，使网站 SEO 效果更加显著。

总的来说，网站管理工具较多，在本章中主要为广大站长介绍国内外一部分具有代表性的管理工具。

9.1.1 百度站长平台

百度站长平台是中国最大的在线网站管理平台，站长在这里可以对自家网站进行管理。站长平台不仅提供和网站管理相关的技术帖、前沿咨询、同行交流，最重要的是提供站长工具，帮助站长对网站进行有效管理。

百度站长平台提供的管理工具主要分为六大类，分别是：我的网站、移动专区、网页抓取、搜索展现、优化维护、网站组件。

1. 我的网站

我的网站主要分为站点信息、站点管理和消息提醒。站点信息汇总了网站在站长平台上的各项数据及状态，方便站长快速浏览，及时发现问题或查看详情，如图 9-1 所示。

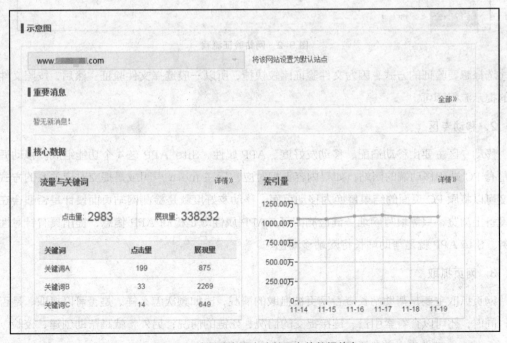

图 9-1 某网站在百度站长平台的数据信息

图 9-1 是某网站在百度站长平台的相关信息。百度站长平台除了会展现流量、关键词、索引量外，还会展现网页抓取情况和优化与维护情况。

站点管理就是网站站长在百度站长平台提交自己管理的网站，这样百度站长平台才会展示网站的站点信息，并会向站长提示消息，提交后网站更容易被百度收录。提交相对来说比较简单：注册百度账号，登录百度站长平台，选择站点管理，在添加网站一栏中输入要验证的网站地址，出现如图 9-2 所示的情况。

图 9-2　网站验证流程

选择想要验证的方式，因为文件验证比较快捷，所以一般选择文件验证。然后，按照文件验证的提示流程即可。

2. 移动专区

移动专区主要由移动适配、移动友好度、APP 属性、Site APP 这 4 个功能组成。移动适配就是有 PC 端和移动端的网站，如果内容上相对应，标注 meta 声明或是提交对应关系的方式，百度可以将原 PC 页面的结果替换为移动页面。移动友好度就是检测网站页面设计是否适合在移动设备上浏览，只需填写网址一键检测即可。APP 属性就是检测 APP 信息，提出具有针对性的服务。Site APP 就是帮助站长将网站移动化。

3. 网页抓取

网页抓取主要是帮助站长查看网页被抓取的情况，比如频次怎么样、是否可以抓取、是否异常；同时，还可以查看索引量、链接提交的情况、死链的情况；另外，就是帮助创建、校验、更新 robots.txt 文件夹，并判断该文件在百度的生效情况。

4．搜索展现

搜索展现主要有站点属性、站点子链、数据标注、结构化数据、结构化数据插件五部分。

站点属性就是站长在验证完网站后，完善站点属性，百度会更了解网站，展现效果更优。

站点子链是帮助网站站长提交优质的网站子链。这样可以帮助网站提升权威，帮助用户浏览网站，提高网站的流量和用户体验，如图 9-3 所示是百度网站站点提交的子链。众所周知，百度除了搜索引擎外，还有百度新闻、百度视频、百度音乐、百度图片。添加子链后在搜索展示时百度不仅会展示网站的主要业务，还会展示这些子链，以吸引用户。

图 9-3　百度网站的站点子链

数据标注是帮助站长更好地展示网站页面。对网站页面的主要内容进行标注，如主要内容是软件下载，还是小游戏，抑或是电影。标注后百度在展示时会将主题内容突出，便于用户更容易地寻找目标信息。

结构化数据工具是百度快速引入结构化数据的入口，对于优质的数据资源，可应用于索引、排序、摘要展现等环节，提高索引量并以结构化摘要样式展现给用户。

结构化数据插件就是帮助站长使用结构化数据工具。

5．优化与维护

优化与维护主要包含了流量与关键词、链接分析、网站体检、网站改版、闭站保护。

流量与关键词主要是帮助站长查看关键词的点击量和展现量的排名及折线图。链接分析主要是检测外链和死链的情况。网站体检帮助查看网站的安全问题。网站改版工具是在网站更换域名或者大量链接短期内发生永久性跳转时，为了保证索引量和展现效果不出现大量变动，站长通过网站改版通知百度改版规则，避免出现巨大损失。闭站保护是为了帮助网站因一些原因长时间无法正常访问时，站长可以提交申请，申请通过后，百度搜索引擎会暂时保留索引、暂停抓取站点以及暂停其在搜索结果中的展现。待网站恢复后，站长可申请恢复，通过后，百度会恢复对网站的抓取和展现，且网站评价得分不受影响。

6. 网站组件

网站组件主要由搜索代码、站内搜索、百度分享、打赏、百度统计、APPLink 构成。

搜索代码功能，百度向网友免费开放。只需要下载免费的搜索代码，网站就可以获得像百度搜索一样强大的搜索功能。搜索代码主要提供了 3 种类型，分别是网页、多类型和指定站点。以多类型搜索为例，百度会自动提供搜索代码，网友只需要将代码输入网页，搜索结果就会自动跳转到百度并可切换到多种类型的搜索结果，如新闻、网页、音乐等，如图 9-4 所示。

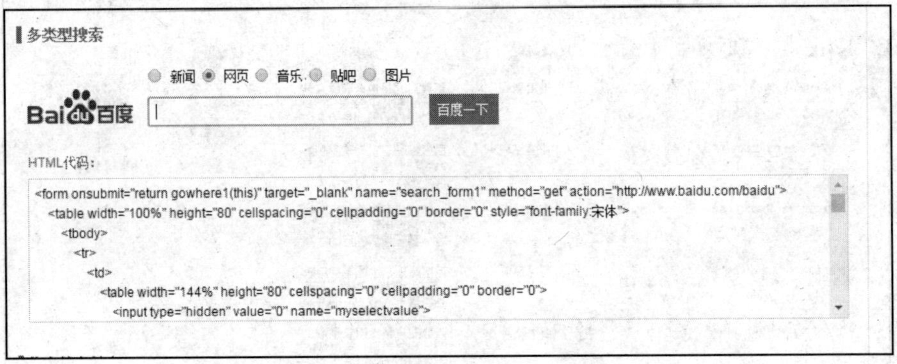

图 9-4　搜索代码多类型搜索功能

站内搜索是帮助网站站长方便在百度站长平台或者百度整个网站中进行信息查找和检索。百度对站内搜索功能有一个流程介绍，有兴趣的网友可以自己查找，这里不再赘述。

网友在浏览网页时应该会发现，在浏览网页的侧边栏或者内容的底部时会出现一些一键分享、QQ 空间、人人网、微博等图标，点击这些图标就会将网页分享到相对应的站点，比如点击 QQ 空间就会分享到 QQ 空间。通过百度分享功能的网站网页的加载速度快，分享量高，网页的抓取速度也快，同时还可以免费查看数据统计。

打赏功能就是网友看过网页内容后，如果觉得好，看着喜欢，就可以通过奖赏钱的形式来表达对该内容的赞赏。站长可以免费下载打赏组件，完成设置并下载代码后，将代码加入网页即可使用打赏功能。当前支持打赏功能的有百度钱包、支付宝和微信支付。该功能只有网站的拥有者才可以使用。

百度统计和谷歌分析一样，是对网站数据进行分析的一款工具，点击就可以计入百度统计页面。最后的 APPLink 功能则是帮助打破移动 APP 与 H5 的边界，为用户提供更好的搜索服务和体验。主要是通过添加 APPLink 协议接入服务，能实现让用户通过点击百度搜索文字链接，调用用户设备中已经安装的设备，并加载对应的页面。

以上便是百度站长平台提供的全部工具。总的来说，站长平台对网站站长是一款非常实用和强大的工具。

9.1.2　Google Webmaster Tools

谷歌为了更好地和站长沟通，推出 Google Webmaster Tools（网站管理员工具）。谷歌网站管理员工具是一个免费提供网站在谷歌详细数据的在线网站管理平台。

站长可以查看谷歌如何抓取网站并编入索引，了解网站访问过程中存在的具体问题，找准问题并且及时进行优化。图 9-5 所示是谷歌网站管理员工具抓取的错误网址。

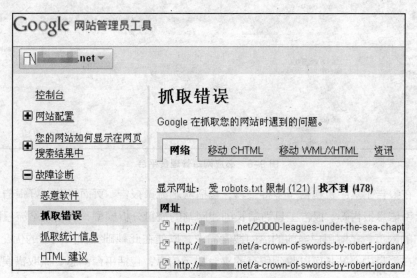

图 9-5　谷歌管理员工具抓取错误网址

首先，谷歌通过查找和追踪网站的链接和流量，为站长提供专业的链接报告工具，并在报告中对站内和站外的数据进行分类，让站长了解用户进入网站的渠道。

其次，谷歌管理员工具还会提供各种实用的工具，例如在线生成 robot.txt 文件、分析检测 robot.txt 文件、删除网址工具、增强型 404 页面。如果站长对于 robot 规则不熟悉，可以直接通过在线生成工具制作 robot 文件；在上传之前，还可以先对 robot.txt 文件进行测试；检查完毕后，谷歌会向站长反馈结果。

此外，相对于其他的搜索引擎，谷歌更加人性化。因为当谷歌发现网站有违规的行为时，会在第一时间通知站长并给予站长修正的机会。当网站完成修正问题之后，还可以重新提交网站进行审核。

因此，不管是 SEO 高手还是 SEO 新手，都可以从这个最基础的网站管理工具入手，全面获取谷歌蜘蛛抓取、编入索引、搜索流量来源等权威的网站数据。

9.1.3　Bing Webmaster Tools

Bing Webmaster Tools（必应网站管理员工具）是微软为了满足网站站长和 SEO 从业者的需求而推出的网站管理工具。

首先，站长可以在平台中获取到搜索查询、索引和搜索流量等相关数据。图 9-6 所示是必应网站管理平台的首页，主要包括了仪表板、报告工具、诊断工具和通知。站长可以利用所管理站点的仪表板来获取站点效果摘要视图，并确定要突出的重点，例如设置网站地图引导搜索蜘蛛抓取链接、链接的提交和优化、网页效果预览等。

图 9-6　必应网站管理员平台

其次，在报告工具中也包含了多种工具，包括网站流量报告、页面移动友好报告、搜索关键词报告、索引信息报告等。报告工具为站长创建网站的流量分析模型，清楚网站流量的入口和流量集中分布的网页，了解用户当前的热门搜索需求，以便在此基础上加大网站的优化力度。

最后，在消息中心站长可以收到所有的平台提示信息，包括平台消息、抓取错误消息、索引问题、必应广告。所以，为了确保站长与平台之间能够进行正常的消息交流，建议设置邮箱的首选项，以接受每日摘要。如果站长管理多个站点，邮件处理量较大，可以先对邮件进行筛选。

综上所述，比较具有代表性的网站管理平台包括了 Google Webmaster Tools、百度站长平台、Bing Webmaster Tools。从用户体验的角度来分析，百度站长平台更加适合国内的站长；但是从数据分析的精准度和专业度来讲，谷歌和必应则是首选。

9.2　流量查询工具

网站流量指网站的访问量，主要是用来描述网站的访问人数以及用户浏览的网页数。网站通过发布信息，吸引用户对网站进行访问。流量代表着网站内容的价值，从某种程度上反映了这个网站的受欢迎度。而从网站盈利的角度来讲，网站的优质流量越多，潜在的成交转化率就越大，网站的盈利空间也就越大。

网站流量统计指标主要包括：页面浏览量、独立访客（Unique Visitor）、重复访问者量、每个访问者的页面浏览数（Page Views per user）。站长通过对系列指标的统计与分析，能够获取网站用户的访问规律，并将这些规律和网站的营销策略相结合，全面提升网站的盈利能力。

页面浏览量（Page View）又叫页面访问量，通常用"PV"值表示。它是指网站访客在进入网站后实际浏览网站页面数的总和，访客每打开或刷新一个网页即使是同一个页面，就被记录一次，打开或刷新的页面数越多浏览量越大。页面浏览量通常是衡量一个网站流量的主要指标，PV 值对网站就像收视率对电视一样。

独立访客（Unique Visitor），通常用"UV"表示，网站独立访客就是指某个站点被多少台电脑访问过。简单来解释，如果某个人通过一台台式电脑进入某个站点，那么便被记录为一个访客，不管浏览多少网页。如果换用另一台笔记本电脑，那么就算另一个访客，记录为一。独立访客也是衡量网站流量的重要指标。因为它记录的是一个自然人，所以更能反映网站的实际用户数。

重复访问者量（Repeat Visitors），是指某唯一访问者在指定期间内，访问过某网站两次或者两次以上，那么此唯一访问者就是该网站的重复访问者，而访问者的数量就是重复访问者数量。一般重复访问者可以用来推断网站内容的质量。内容的质量较高，访问者回访的可能性就大，重复访问者量也就大。

每个访问者的页面浏览数（Page Views per User），这个指标通常用平均页面浏览数来表示，即一个访客访问了多少页面，这一指标反映了访客的访问深度，页面浏览数越多，说明网站的整体效果越好；数量低，说明网站的内容差或者设计差等。

那么，站长该如何查询网站的流量呢？在本小节中将讲解常用流量的查询工具。

9.2.1　Alexa

Alexa 是亚马逊旗下的一家子公司，于 1996 年成立，总部位于美国加利福尼亚州。

Alexa 是一家专门统计和发布全球网站排名的网站，每天在互联网上搜索超过 1000GB 的信息，然后对信息进行整合和排名。网站的排名依据是基于近 3 个月的独立访问用户数和页面浏览量，Alexa 系统每天对每个网站的流量进行统计，通过这两个数据指标的累计值来计算出网站排名。

1．网站的整体排名

站长直接在搜索框中输入网站的域名，即可查询到网站的排名情况。图 9-7 所示是京东商城的流量排名情况。

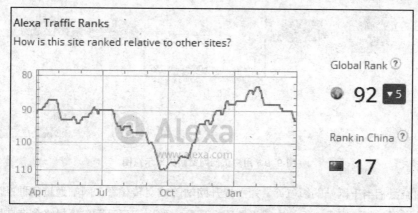

图 9-7　京东商城的流量排名

首先，从图中很直观地看出：在近年内，网站的全球排名变化较明显，从 2015 年 9 月至 11 月中旬，网站全球排名在百名之后；在 2016 年 2 月达到了峰值，为 82 名左右。

其次，再从排名数据中可以得知：中国排名第 17 位，全球排名第 92 位；全球排名在近 3 个月内下降了 5 位。

从整体上了解了网站流量的排名情况，为了深入分析网站流量的实际情况，还需要继续对流量指标进行细分。

2．流量指标的细分

网站流量指标的细分是为了分解流量，从多维度了解网站流量指标的变化趋势，一旦网站流量出现任何异常，立即进行优化。图 9-8 所示是京东商城流量指标的细分。

图 9-8　京东商城流量指标的细分

由图可知，网站的跳失率为 14.9%，近 3 个月内上升了 3%；每位用户日均页数为 15.35，近 3 个月内下降了 12.34%；用户每天登录网站的时间为 12:31，近 3 个月内下降了 9%。

（1）跳失率

跳失率是衡量一个网站对用户黏性的重要指标。跳失率越高，说明网站对用户的黏性越差。网站跳失率在近 3 个月上升了 3%，说明网站对用户的黏性下降了。

用户通过各种渠道对网站进行访问，但是由于到达页面与预期的差距较大，会造成离开网站。其关系示意图如图 9-9 所示。

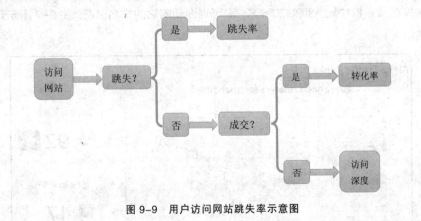

图 9-9　用户访问网站跳失率示意图

网站的流量相当于网站的氧气库。为了提升网站的成交转化率，网站通过各种推广手段吸引用户对网站进行访问，但是由于站内的设置不合理而导致用户离开网站，最终会造成网站的推广成本过高，SEO 效率低。

（2）用户日均访问页数

日均访问页数就是指用户在一次性浏览网站的页数，如果用户的访问页数越多，那么基本上可以认为：网站能够为用户提供的有价值信息越多，用户对网站上的东西越感兴趣，愿意停留在站内的时间也就越长。

该网站的日均访问页数在近 3 个月中下降了 12.34%，说明用户对于网站提供的信息不感兴趣，访问网页数量在减少。因此，网站需要立即优化网页内容，提升用户对网站的黏性。

（3）用户每天登录网站的时间

用户每天登录网站的时间集中反映了一天中网站流量的峰值阶段。京东商城的会员访问网站的时间段大多集中在 12:30 左右，该时间段在中国为午休。因此，可大致推断出该时间段的消费主体为上班族或者是学生。

在流量的峰值阶段，一方面，网站既需要加大宣传力度，吸引更多的用户访问网站；另一方面，网站也需要保证用户体验，例如网站的加载速度、网站结构、网站链接以及网站主题等多方面的优化。

综上所述，站长 Aleax 在查询网站流量，首先是根据网站的流量排名来掌握整体的情况，其次是根据细分的数据指标来衡量网站运营的健康程度，例如跳失率、访问深度、流量峰值时间段。当网站流量出现异常时，应立即采取措施进行优化和调整，确保网站长期处于健康的运营状态。

9.2.2　站长工具

站长建站时对网站质量进行查询与制作的工具就叫作站长工具。站长工具对网站站长来说是非常必要的。

目前国内常用的站长工具主要有以下几个：Chinaz 站长工具、admin5 站长工具、站长帮手网、爱站网、观其站长工具箱等。其中 Chinaz 站长工具是使用时间最久的，因为其提供的信息全面而且较为权威，深受众多站长的喜爱。这里我们就以 Chinaz 为例做一个比较详细的介绍。

Chinaz 站长工具可以说包含了网站从建站到日常运营维护可能使用到的所有工具。进入 Chinaz 网站首页可以免费使用的工具就有网站备案、网站测速、whois 查询、百度权重、PR 查询、IP 查询、Alexa 排名、友情链接监测、网站安全监测、SEO 综合查询这几种工具。同时，在"更多工具"链接中 Chinaz 还提供设计和网页代码、配色工具、编码转换加密等功能。图 9-10 所示是 Chinaz 网站首页查询工具栏。

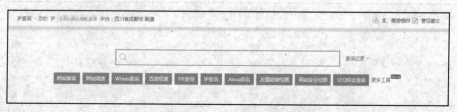

图 9-10　Chinaz 站长工具首页

使用站长工具，只需简单注册即可，完成注册，然后登录。在进入 Chinaz 站长工具搜索栏中输入想要查询的网站，可以查询想要知道的信息。这里 Chinaz 站长工具可以提供的信息十分全面，而且会以数据的形式展现，结果十分清晰。对于上面介绍的一些网站信息或者数据，在查询后显示的信息会以表格的形式列出来，重点是每个数据也可以点击继续深入，对数据的补充做得也很完整。

我们以淘宝网为例，图 9-11 所示是站长工具查询后显示的结果。

图 9-11　淘宝网站长工具查询显示结果

首先站长工具会给网站提供一个基本信息：中文网站排名、电商网站排名和地区排名。淘宝的中文网站排名是第 12 名，电商网站排名是第一名，地区排名是浙江省第一名。需要提醒的是在地区排名之后有一个查看排名，我们可以点击，就会有关于淘宝网站的网站数据。主要显示有主要关键词的排名、百度指数、网站排名趋势、网站数据趋势图。

下面介绍针对网站的详细数据。

1．Alexa 排名

在上一节中我们知道 Alexa 是一家专门做网站排名的公司。淘宝网站的世界排名是 12 位，整站流量排名是 13 位，整站日均 IP 约是 3 千万，整站日均 PV 值是 1 亿 4280 万。其中 IP 是访问次数的意思，这表示每天大概有 3 千万访问次数；PV 值是页面浏览量，每天浏览的页面数是 1 亿 4280 万。这四条数据均可直接点击，会自动跳转到同一个页面，页面会详细地列出数据，如图 9-12 所示。

日期	百度权重	预估流量	关键词数	站长排名	世界排名	流量排名	日均IP	日均PV
2016-05-19	8	996085	25926	124	12	13	30,000,000	142,800,000
2016-05-18	8	996085	25926	124	12	13	30,000,000	142,800,000
2016-05-17	9	1027265	24816	138	12	13	30,240,000	143,640,000
2016-05-16	9	1027265	24816	138	12	12	30,300,000	144,228,000
2016-05-15	9	1033537	24578	121	12	13	30,180,000	144,562,200

图 9-12　淘宝相关数据展示

Chinaz 会将近 3 个月的数据展现出来，标示出每天网站百度权重、预估流量、当天搜索的关键词数、排名以及日均 IP 数与 PV 值。限于篇幅问题，我们在这里只截取了网站从 5 月 15 日到 5 月 19 日 5 天的数据。看得出淘宝的数据相对来说比较稳定，而且流量巨大。用 PV 值除去 IP 数可以得到网站的页面浏览量。我们在前面的小节中说过，页面浏览量越大，说明浏览深度就越大，用户对网站的兴趣也就越高。通过计算我们得出页面浏览数是 4.76，即每个用户会在淘宝上浏览将近 5 个页面。

2．SEO 信息

SEO 信息主要展示了百度权重、谷歌 PR 值、反链数、出站链接和站内链接。权重是指搜索引擎会对网站赋予一定的权威值，对网站权威的评估评价。百度权重一般和浏览量相关，浏览量越大权重越高。权重越高，在搜索引擎中占的分量就越大，排名就越好，一般以 0～10 表示，值越大权重越高。PR 值（Page Rank）是谷歌用来表示网页等级的标准，级别为 0～10，数值越大等级越高。PR 值为 4 时表示网页良好，7～10 就表示网页十分受欢迎。后三者主要显示了网站链接状况。淘宝反链有 197338 个，出站链接 2 个，站内链接 43 个。对于这些数据站长也是可以直接点击的，以查询网站链接状况，如图 9-13 所示。

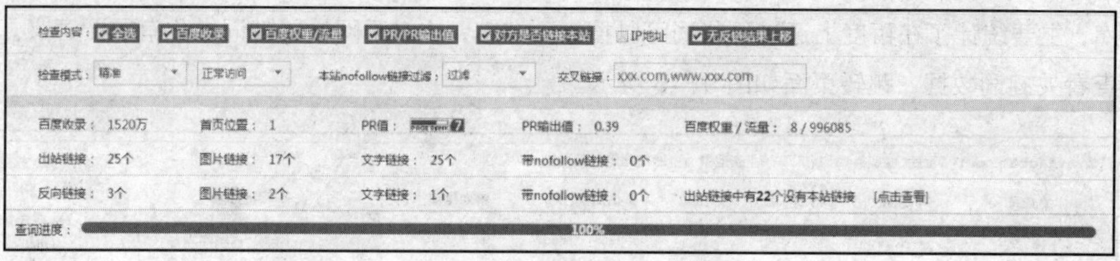

图 9-13　淘宝网网站链接情况

这里给出了网站链接的情况，链接的数量，链接的种类。数据中还特别标示出了没有反链的网站，站长只需点击"点击查看"即可。

3．域名 IP

主要是显示同域名 IP 数，对于想要知道数据的可直接点击，以查看同域名 IP 网址都有哪些。在这一条当中需要关注的是网站的加载时间，加载时间越短，用户需要等待的时间就越短，用户体验相对也就越好。淘宝的加载时间是 5 毫秒，说明加载时间极短。这里站长工具给出了全国各地在登录淘宝网站时的加载时间，如图 9-14 所示。

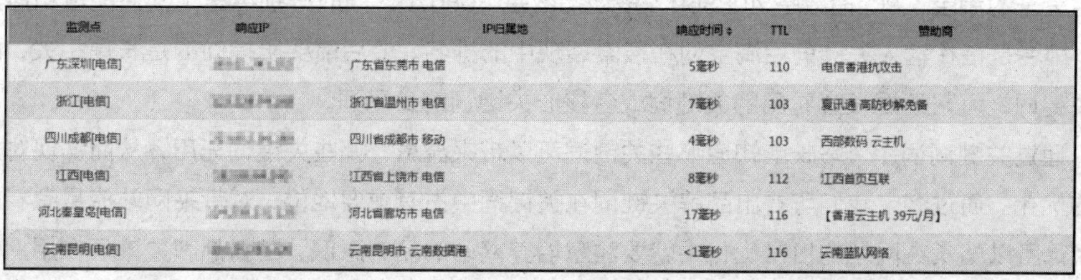

图 9-14　淘宝网在各地域的网站加载时间

由图可知，我们主要截取了 6 个地方，云南昆明响应时间最短小于 1 毫秒，河北秦皇岛最长要 17 毫秒。我们再查看全国其他地方的响应时间大多都低于 17 毫秒。响应时间的长短一般可以反映网站空间的稳定性。对于淘宝网这样的大网站，会有自己的网站空间；对于小网站，则是购买网站空间。网站空间差的加载速度相对来说就慢，因而网站站长发现网站加载速度大的时候就要考虑是不是网站空间的问题。

4．域名年龄和域名备案

这两块主要是告知网站域名的一些信息，比如注册的时间、到期时间、备案号、名称和性质、审核时间。

5．更多查询

在这一栏中，除了 Alexa 排名、网站排名、备案查询等上述提到过的，我们可以直接关注 whois 查询。通过 whois 查询，可以查看域名 IP 及所有者的相关信息。

下面介绍网站的其他相关数据。

百度流量是指通过百度搜索引擎进入淘宝网站的流量。百度流量预估主要是通过百度指数关键词推算出来。对网站在百度上的优化有一定的参考价值。对于关键词，站长工具专门做了关键词库，主要统计了在百度上通过哪些词可以搜索到淘宝，这对于网站关键词优化有重要意义。点击查看关键词数据，跳转页面如图 9–15 所示。

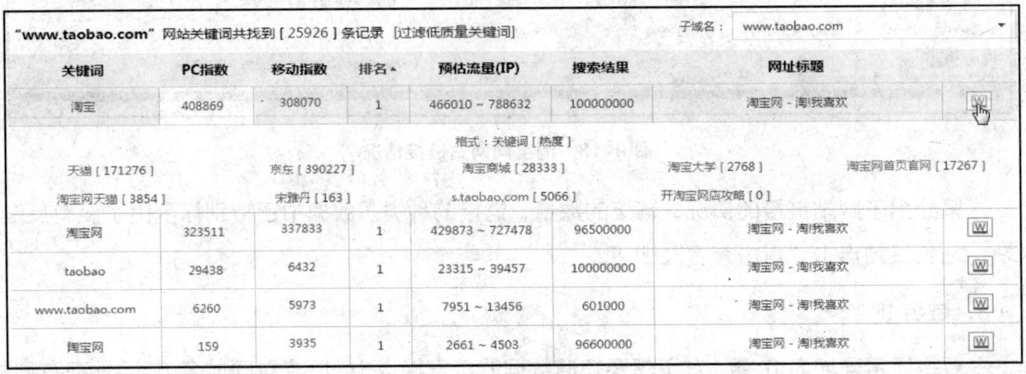

“www.taobao.com” 网站关键词共找到 [25926] 条记录 [过滤低质量关键词]　子域名：www.taobao.com

关键词	PC指数	移动指数	排名	预估流量(IP)	搜索结果	网址标题
淘宝	408869	308070	1	466010 ~ 788632	100000000	淘宝网 - 淘!我喜欢

格式：关键词 [热度]

天猫 [171276]　京东 [390227]　淘宝商城 [28333]　淘宝大学 [2768]　淘宝网首页官网 [17267]

淘宝网天猫 [3854]　宋雅丹 [163]　s.taobao.com [5066]　开淘宝网店攻略 [0]

关键词	PC指数	移动指数	排名	预估流量(IP)	搜索结果	网址标题
淘宝网	323511	337833	1	429873 ~ 727478	96500000	淘宝网 - 淘!我喜欢
taobao	29438	6432	1	23315 ~ 39457	100000000	淘宝网 - 淘!我喜欢
www.taobao.com	6260	5973	1	7951 ~ 13456	601000	淘宝网 - 淘!我喜欢
陶宝网	159	3935	1	2661 ~ 4503	96600000	淘宝网 - 淘!我喜欢

图 9–15　淘宝网关键词排名

我们选择了指数排名前 5 的关键词。对于每一个关键词，站长工具都给出了 PC 指数、移动指数、预估流量和搜索结果。PC 指数是指关键词在 PC 端的百度指数，相对应的就是移动指数。排名第一的淘宝，PC 指数是 408869，移动指数是 308070，同时分别给出了预估流量和搜索结果。排名是指在输入关键词后淘宝网在搜索展现中的排名。最后箭头所指向的是长尾相关，即长尾关键词，可帮助站长查看品牌关键词或者核心关键词的长尾词。

通过关键词词库，站长能知道哪些关键词可以带来流量，哪些关键词无用，从而实现对关键词的优化。通过淘宝我们可看出品牌关键词在关键词中占有重要地位，对带来网站流量有着巨大作用。所以站长在网站的日常优化中就要注意培养网站的品牌意识，增强品牌关键词在用户中的渗透率。

除了上面这些功能外，站长工具还统计了网站在各大搜索引擎的收录和反链情况，如图 9-16 所示。

日期	百度收录	百度索引量	Google收录	360收录	搜狗收录	百度反链
2016-05-19	1520万	786万147	370万	366万	31万9518	343万
2016-05-18	1170万	786万147	365万	362万	37万4780	438万
2016-05-17	1260万	786万147	354万	359万	12万8251	440万
2016-05-16	913万	786万147	351万	355万	28万8478	439万
2016-05-15	1260万	786万147	--	353万	36万2207	452万

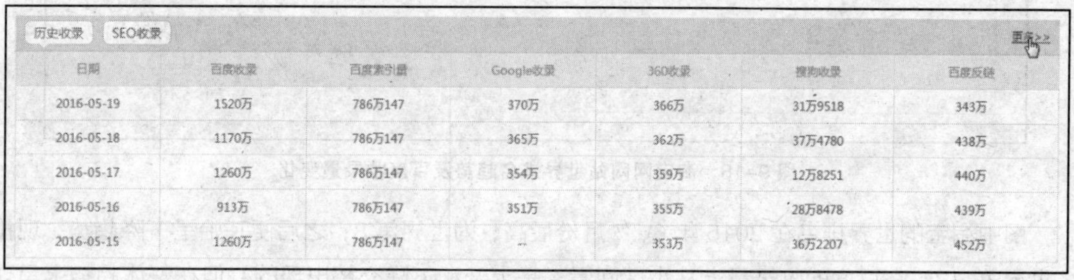

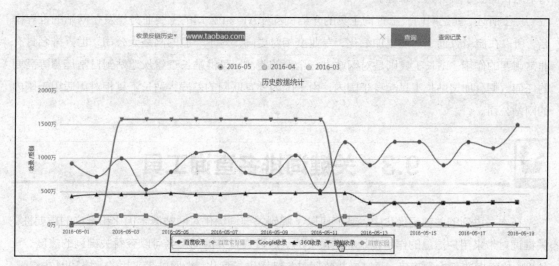

图 9-16　淘宝网站在各大搜索引擎中的收录与反链数据

图 9-16 是淘宝在各大搜索引擎中的收录和反链数据表，想要详细了解的站长只需要点击右上角的“更多”即可。跳转页面后就是关于收录和反链的趋势图和近 30 天的数据统计，如图 9-17 所示。

图 9-17　各大搜索引擎淘宝收录数据趋势

图 9-17 中 4 条线分别对应 4 个搜索引擎，查看搜索引擎收录量只需在红框中点击搜索引擎就会在图表中出现该搜索引擎的折线趋势图。四大折线每个上下对应的点表示每一天的数据量，指针指向就会显示当天的收录数据。

从图中看得出 360 搜索的收录变化相对比较稳定，搜狗的变化幅度最大，但在一定时期内非常平稳。谷歌因为退出中国市场，所以收录量最少，平均而言百度收录量最大。

百度是目前国内最大的搜索引擎。如图 9-16 所示，淘宝在百度的收录量是 1520 万，索引量是 786 万多。国内大部分网友还是通过百度检索相关信息，寻找网页，这也反映了网站的推广重点仍旧需放在百度上，不过其他搜索引擎也应该得到站长的重视。

此外，站长工具还给出了网站近一年当中在 Alexa 上的排名及近一个月百度收录量的变化趋势，如图 9-18 所示。

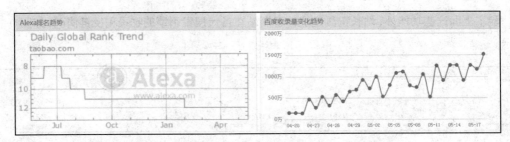

图 9-18　淘宝网网站世界排名趋势及百度收录量变化

　　图中淘宝的世界排名在 2015 年 6、7 月份最高，为世界第 8；之后便开始呈下降趋势，现排名世界第 12。在百度的收录量上从小区间看，是上升和下降交替出现的，但在整体趋势上呈现出不断上升的趋势。收录量增加网站被检索到的可能性就更大，展现就更好。

　　不同于 Alexa，站长工具算是一个对网站站长帮助很大的功能全面的工具。它涉及了从网站建站到日常运营、网站信息维护等一系列的功能，对网站的日常运营有着非常重要的作用，因此网站站长需要了解并熟练掌握。

　　综上所述，就是网站流量查询工具的介绍。因为 Alexa 公司的主要业务是发布网站的世界排名，所以在流量查询上功能更加细化，专业度相对更高。对于一般的网络大公司，世界排名具有非常重要的作用。站长工具则是对网站进行全面的监测，可供站长查看从建站到日常运营等需要的任何数据。加之站长工具起身于国内，由于国内外互联网的差异，站长工具相对更适用于国内的网站公司。

9.3　关键词排名查询工具

　　在本书讲到的关键词优化中，我们可以了解到关键词优化对网站搜索优化和推广的重要性。关键词对带来用户流量的作用也是非常重要的。通过查看关键词排名可以查看关键词的热度、竞争度、检索指数和检索趋势。通过这些数据对关键词进行优化，为网站带来用户，提升网站流量。

　　所谓关键词排名就是一种在搜索引擎搜索结果中以字、词、词组的相关性体现网页排名的方式，可以分为自然排名和搜索引擎提供的关键词竞价排名两种方式。自然排名就是搜索引擎通过蜘蛛抓取网页后自动进行分析与排名，关键词竞价排名则是搜索引擎提供的有偿服务，如百度的竞价排名。

　　本节将会介绍一些对关键词排名进行查询的工具，以帮助站长进行关键词的优化。

9.3.1　Google Trends

　　谷歌最初在做关键词排名时使用的是 Google Zeitgeist，这是谷歌开发的一款网络查询工具。其主要作用是对每天上百万次的 Google 查询进行统计，收集人们最关心的关键词，并在网页中列举出来。2007 年 5 月时，被谷歌趋势（Google Trends）取代。在 2015 年谷歌趋势推出新的功能，主要有：实时数据、全新故事型主页、更具深刻见解的广泛覆盖和定制数据套餐。接下来，我们将对谷歌趋势做一个简单的介绍。

谷歌趋势（Google Trends）同 Google Zeitgeist 相似，主要是统计每天上亿次的 Google 查询，发布某个关键词在各个时期下被搜索的频率和相关统计数据，通过对关键词数据的统计得出当下时段的热门内容。

1．关键词热度查询

谷歌趋势统计关键词的数据可以从 2004 年算起，用户也可以根据自身的需求对时间进行调整。可以是某一年的关键词热度，也可以是最近一年、一个季度、一个月、一周甚至一天的关键词热度，还可以自行调整从某个时间点到某个时间点的关键词热度。在区域上可以根据自己的需求划分国家和地区。以母亲节为例，如图 9-19 所示。

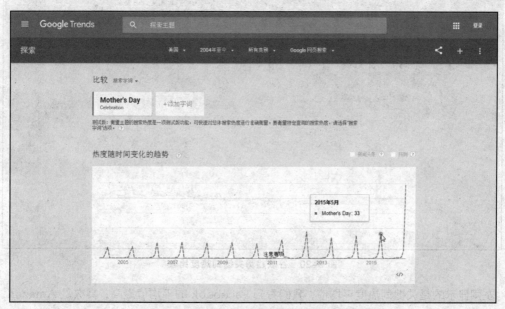

图 9-19　母亲节在谷歌趋势关键词热度上的表现

在探索主题中输入"Mother's Day"，地区选择美国，时间选为从 2004 年至今。从图中我们可以很明晰地看到从 2004 年开始每隔一段相同的距离就会出现一个峰值，并在随后的时间里迅速出现下降。图中鼠标所指点对应的时间是 2015 年 5 月，根据时间和两个峰值出现的距离我们可以判断，峰值出现的时间都是在每年的 5 月。"Mother's Day"这一关键词在 5 月前出现上涨，五月达到峰值，之后迅速下降并趋于 0。了解的人都知道，5 月的第二个星期日是母亲节。

需要指出的是这里的数字并不是指绝对的搜索量，而是指相对于其他关键词，母亲节这一关键词的搜索热度出现上升。也就是说在 5 月，相对于其他关键词，母亲节的搜索热度要高于其他关键词的搜索热度。

网站，特别是一些购物网站，在这种情况下可以考虑对"母亲节"这一关键词进行优化，在这天将要到来之际，增加本网站的流量。因为在这一天之前用户可能会考虑上网购买相关物品赠送母亲，对和女性相关的可赠送的礼品也可以进行优化。

2．关键词热度比较

还有一点要说明的是，谷歌不仅可以查看关键词热度，还可以进行关键词热度比较。这样可以帮助我们在对网站进行关键词筛选时得知，哪些和网站主题相关的关键词热度较高。同时因为数据计算的时间从 2004 年起，所以从趋势图的走向可以看出哪些关键词的稳定性高，哪些较差，通过比较筛选出稳定性良好的关键词，以避免出现网站流量不稳定。

在图 9-15 中我们可以看到添加关键词的提示。谷歌趋势最多可以添加 5 个关键词，每个关键词可以用英文标点"，"隔开，在趋势图中就会显示 5 个不同关键词的热度，如图 9-20 所示。

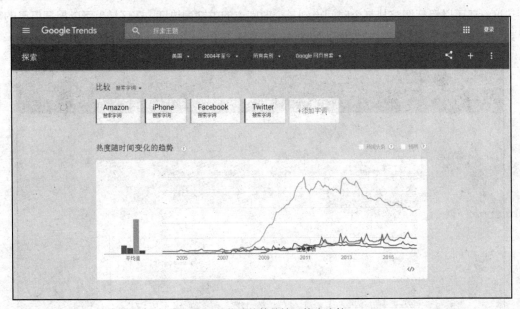

图 9-20　谷歌趋势关键词热度比较

左侧显示的是关键词热度平均值，我们看到 Facebook 的平均值最高，其次是 Amazon，再次是 iPhone，最后是 Twitter。通过上图我们发现不同于 Facebook 的起落或者 Twitter 的平缓，iPhone 和 Amazon 会固定地在某个时间段出现峰值，尤其是在 2011 年以后这种情况最为明显且有规律，同母亲节有相似的现象。

Amazon 峰值出现的时间是在每年的 12 月，iPhone 峰值出现的时间是在每年的 9 月。查找资料可以了解，每年 12 月 Amazon 会有一个"黑色星期五"的购物节，而 iPhone 则会在每年的 9 月举行新品发布会。所以，两者会在某个固定的时间出现搜索热度的上涨。

3．区域关键词热度查询与比较

谷歌还有做得比较好的是推出了区域热度。所谓区域热度是指在一个国家或地区内，将某个关键词搜索热度最高的地区设为 100，然后根据其他地区的热度情况逐渐递减，这样可以显示出哪些关键词在在哪些地区的搜索热度最高，帮助用户判断并在针对投放时选用相对应的关键词。

在进行关键词比较时，相应地也会显示区域关键词热度图。通过观察热度图我们可以知道在哪些地区用户对哪个关键词的搜索度高，哪个关键词搜索度低。在区域热度图中，还可以不断地进行细分。以 iPhone 在美国的搜索热度为例,在图中除了可以查看各州的搜索热度外,在点击各州时还可以查看该州哪些地区搜索热度最高。该地区之下还可以再次进行细分,如图 9-21 所示。

图 9-21 iPhone 在美国各区域搜索热度

图 9-21 右侧就是各关键词在美国各州的热度,排名第一的是俄克拉荷马城 100,其次是夏威夷 96,接下来的各州搜索指数依次减少。除了可以查看当前显示的次级区域,我们还可以查看都市圈和城市的关键词统计热度,在这里就不详述了。

图 9-21 左侧就是热度图,指针移动到某区域就会显示该区域的热度情况。以加利福尼亚州为例,搜索量指数为 88。点击该区域还会显示在加利福尼亚本地区各城市的搜索量指数,同时各城市的搜索指数还可以继续细化。

4. 相关搜索

相关搜索功能,如图 9-22 所示。

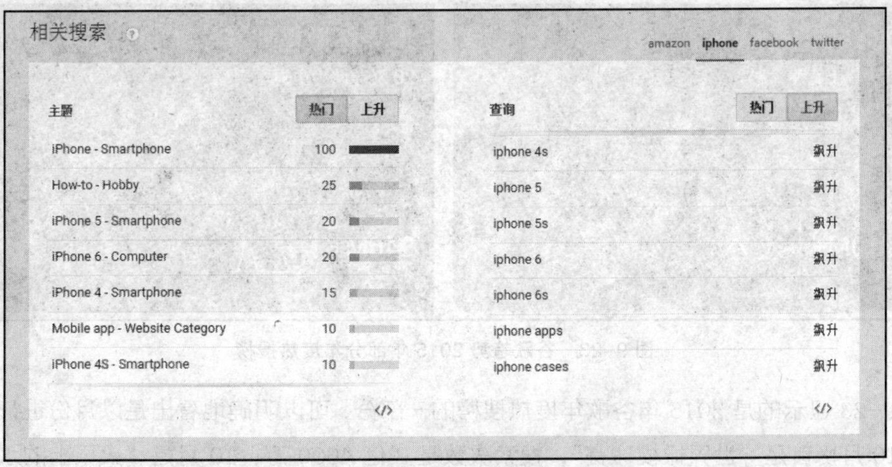

图 9-22 谷歌搜索趋势相关搜索功能

依旧以 iPhone 为例。相关搜索是指与搜索内容相关联的主题或者字词。热门搜索是指用户经常在搜索引擎中搜索的内容。上升搜索则是指在一段时间内搜索量迅速上涨。热门搜索一般是以搜索指数的大小来表示搜索热度，而在上升搜索中则是用百分比表示搜索量上涨了多少，但是当出现"飙升"这样的字眼时表示的不是百分比，而是搜索量上涨了 5000%。

在图 9-22 的左侧显示的是与当前搜索主题"iPhone"有一定关联性的主题，右侧显示的是查询的字词，反映了用户在搜索"iPhone"时还会搜索哪些字词和主题。在主题这一栏热度最高的是 iPhone—Smartphone。在右侧查询一栏 iPhone4s、iPhone5 及 iPhone5s 都出现了飙升，说明在近期它们的搜索量在急速上涨。这就需要站长注意，应时刻关注关键词的变化；同时针对这些突发热词，可临时优化增加网站被检索的可能性。

5．年度热词排行榜

谷歌趋势在取代了 Google Zeitgeist 后每年依然会发布经过统计的上一年度通过谷歌搜索进行检索的年度热搜榜。在发布关键词时，用户可以自己选择想要浏览的地区和时间。谷歌的年度热搜榜主要是以月份划分，一年 12 个月每个月搜索量最大的关键词就会出现在年度热搜榜，如图 9-23 所示。

图 9-23　谷歌趋势 2015 年部分年度热搜榜

图 9-23 显示的是 2015 年谷歌年度热搜榜的一部分，可以明确地看出是以月份进行划分的。9 月到 10 月榜首是"世界橄榄球赛"，搜索次数是 2 亿 4600 万；10 月是"火星上的水"，搜索次数是 1000 万；12 月是电影《星球大战》，搜索次数是 1 亿 5500 万；11 月就是 2015 年年末

掀起世界关注的巴黎暴力恐怖袭击案件，搜索量在当年最高，达到了 8 亿 9700 万。

通过这些热搜榜榜单和搜索次数，我们大致可以推断用户在检索关键词时的习惯。娱乐、体育及有着重大社会影响的热点事件往往会成为用户检索的目标，因而站长在进行关键词优化选择时应考虑社会热点以增加网站的关注度。

以上就是对谷歌趋势的一些介绍。谷歌在关键词这一块除了上面介绍的还有很多功能，这里限于篇幅不作过多介绍了，读者可以自己慢慢学习。

9.3.2　百度搜索风云榜

作为全球最大的中文搜索引擎，百度每天的检索量高达上亿次。百度对这些用户的检索行为进行统计、分析和计算，得出关键词排名，发布关键词排行榜，这就是百度搜索风云榜。

百度搜索风云榜以数亿网民的单日搜索行为作为数据基础，以关键词为统计对象建立权威全面的各类关键词排行榜，以榜单形式向用户呈现基于百度海量搜索数据的排行信息，线上覆盖十余个行业类别，一百多个榜单，发现和挖掘互联网最有价值的信息、资讯，直接、客观地反映网民的兴趣和需求，盘点中国最新最热的人、事、物信息，成为最具代表性的"网络风向标"。图9-24 是百度搜索风云榜首页。

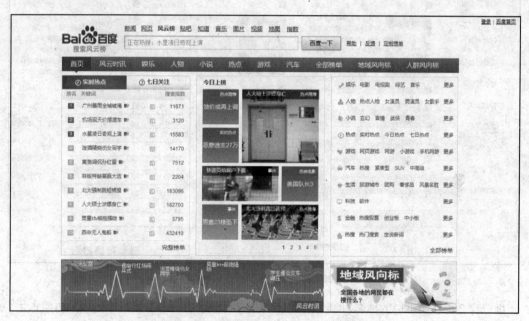

图 9-24　百度搜索风云榜首页（部分）

不同于谷歌趋势需要进行搜索，百度搜索风云榜则是直接将热词排行榜榜单列出。榜单涵盖的范围很广，划分的类别也十分繁多细碎。各类搜索信息都会被分析并划入相关榜单，以进行统计。

对于百度搜索风云榜，我们大致可以分成以下几个方面来看。

首先就是实时热点、七日关注、今日上榜及风云时讯这 4 个部分。实时热点是通过对新闻热词和搜索热词进行统计后以文字的形式公布当前一段时间内的关键词排行，七日关注则是将七天内的搜索热词统计后展示出来，可以看到搜索词是在上升还是下降。这两者并没有对新闻热词和搜索热词进行分类。今日上榜是将今天所发生的最热的新闻词和检索词通过图文的形式展现出来，用户直接点击就可以浏览想要观看的咨询，风云时讯是以心电图和瀑布流的形式将最新的热点展现出来。这两者是针对想要关注最新的动态咨询的用户。

其次就是娱乐、人物、小说、热点、游戏、汽车这几个榜单。在这 6 个榜单中又分成几个二级榜单。如在人物中分有热点人物、演员、歌手，在生活中分有旅游、团购、奢侈品。这类榜单对每天百度用户检索的信息进行分类，一部分根据百度指数专业版的搜索指数加上不同厂商汇总后的检索量进行排名，一部分根据用户在百度上的检索次数、检索量进行排名。

在这一部分中百度对各类检索信息进行了细化。以小说为例，划分有：玄幻、历史、惊悚、都市、青春等 11 类。每一类分别标注了排名前 10 的小说，如图 9-25 所示。

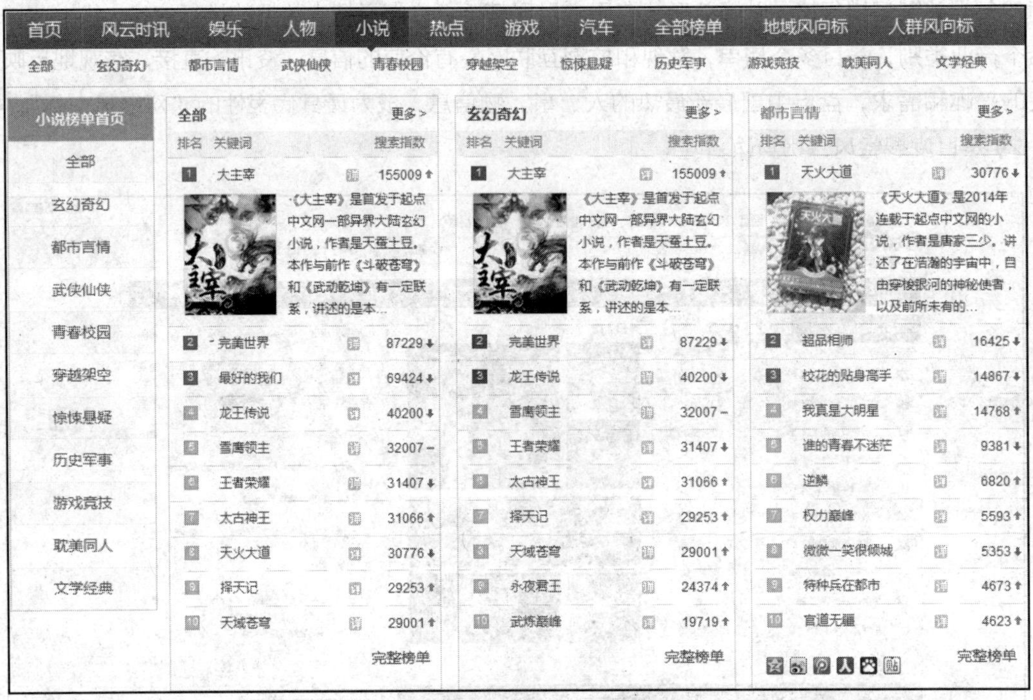

图 9-25　百度搜索风云榜小说榜排行榜

排行榜会标注出小说的排名、搜索指数及发展趋势。想要进一步了解排名的用户可以点击"更多"查看完整信息，点击小说名字即可跳转到搜索网页。

最后就是人群风向标和地域风向标。人群风向标主要是将人群划分为男性、女性、0～9 岁、10～19 岁、20～29 岁、30～39 岁、40～49 岁、50～59 岁、60～69 岁的细分人群。这样的细分虽说会导致数据众多，但对需要进行关键词优化的站长来说帮助比较大，通过这些排名可以知道当前不同人群的检索行为，进而推断检索用户的想法，寻找更容易被搜索引擎抓取的关键词。地域风向标则是根据地域划分不同省份的人在当前一段时间内所关注的新闻热词和检索热词，帮助诸如腾讯大成网、腾讯大粤网等这一类针对地方的新闻网站，提供地区关注的关键词。

9.3.3　搜狗热搜榜

搜狗热搜榜又称为搜狗热词榜，是搜狗搜索推出的搜索排名榜。与百度的百度搜索风云榜一样，对一天、一周或一段时间内的热搜词进行统计，通过搜狗进行搜索的关键词排名，并得出一个榜单。图 9-26 所示是搜狗热搜榜首页。

图 9-26　搜狗热搜榜首页

和百度一样，搜狗也直接将榜单列出，不过没有百度给人以咨询众多眼花缭乱的感觉。浏览搜狗热搜榜给人一种观看网页咨询的感觉，就像浏览网页新闻。

搜狗的热搜榜本来是基于搜狗用户搜索结果，但实质上是定期对网络流行事件进行筛选，并通过热词更新的方式推送到搜狗热搜榜上，因而具有了推荐时下热点新闻的媒体属性。

从图中我们可以看出搜狗热搜榜也是分为首页、热点、电影、电视剧、综艺、动漫、小说、音乐、游戏、汽车、人物这 11 个板块。首页主要是甄选最热的新闻热搜词，通过文字和图片的形式展现出来。文字榜展现了排名前十的榜单，并告知了榜单的趋势。图片主要是选择 4 个不同类型的热点新闻。热点榜展现的是实时热搜和七日热点，主要是对当前和最近七天内的新闻热搜词进行排名。

余下的一级榜单也是划分成几个二级榜单。以电视剧为例，主要分为全部、热映、爱情、奇幻、喜剧等 9 个榜单。每个分类榜单进行排行，想要了解的直接点击名称即可。不同于百度的是，百度榜单排名有 50 位，搜狗的只提供了前 30 位。

关键词排名查询工具主要就给读者介绍这 3 种。就本书来说，更推荐百度搜索风云榜。关键词排名主要是各搜索引擎通过统计、计算，使用本搜索引擎的用户的检索信息来进行排名的。谷歌虽说是最大的搜索引擎网站，但国内使用的搜索引擎网站主要还是百度，因而在权威性上百度更强。和搜狗相比百度的数据也更加丰富，所以相对来说选择关键词排行百度优势更明显。不过，具体的使用还要看站长在选择关键词时的情况和个人喜好。

9.4　其他管理工具

上面介绍的几种网站管理工具、流量监测工具、关键词排名工具是站长在日常的网站运营中经常使用的。由于网站运营涉及的面广，加之程序繁复庞杂，一点小问题就有可能造成比较大的影响，因而在网站管理中上述几种工具是最常用的，但不是唯一要用的。在实际的管理中运用的工具除了上面介绍的几种外，还有一些其他应用工具帮助站长加强对网站的管理。

下面我们将会对网站地图生成器、远程桌面连接工具、育婴状态监控工具这 3 种工具做一个简单的介绍。

9.4.1　网站地图生成器

网站地图生成器就是生成网站地图的软件，那么首先我们要了解什么是网站地图。所谓网站地图又称站点地图，简单来说就是一个页面，在这个页面上放置了网站上需要搜索引擎进行抓取的所有页面的链接。

很多网站尤其是门户网站页面层次较深，蜘蛛很难抓取到想要抓取的信息。网站地图则是方便搜索引擎抓取页面，通过抓取页面了解网站结构。一般网站地图会存放在根目录下并命名为Sitemap，为搜索引擎指路，增加网站重要页面的收录，从而增加网站的权重。

由于网站地图是根据网站的结构、框架、内容生成的导航网页文件，所以对于提高网站用户的浏览体验也有好处，可为网站的访问者指明方向，并帮助他们找到想要寻找的信息。常用的网站地图可以分为 HTML 地图和 XML 地图。搜索引擎可以识别的地图，百度建议使用 HTML 格式的，谷歌建议使用 XML 格式的，雅虎建议使用 TXT 格式的。

通常一个网站需要 3 个网站地图。Sitemap.HTML 格式的网站地图页面精美，简洁大方，可以让浏览者在方便找到目标页面的同时心情愉悦。XML 格式的网站地图需要认真研究自己的网站，把重要的页面标注出来，在不需要纳入的页面添加 no follow，这样更有利于搜索引擎辨别。另外，建议做下 URLLIST.TXT 或者 ROBOTS.TXT 这类文件，雅虎等搜索引擎比较认可，谷歌也有这个项目。

关于网站地图生成工具主要是分为线上生成工具和线下生成工具两种形式。常用的生成工具有 3 种：第一种是 Xenu Link Sleuth，可同时生成 HTML 格式地图（适用于小型站点）和 XML格式地图。第二种是 XML Sitemap，可在线生成工具，但网站地址很多时，会比较浪费时间，想生成所有，则需要收费。第三种是 Sitemap Generator，一款强大的 Sitemap 生成器，不过需下载安装客户端。下面我们将会以第二种 XML Sitemap 工具为例，给大家做一个简单的介绍。图 9-27 所示是网站生成的步骤。

XML Sitemap 官网可以网上在线生成网站地图，其生成的网站地图格式有 XML、HTML、Text 和 ROR 4 种。这 4 种格式分别有不同的用处。XML 主要是帮助谷歌、雅虎、必应搜索引擎进行网站的优化。HTML 格式是方便用户人群更加简单明了地浏览网页，提高用户体验。Text

格式则是提供了一个所有网页的列表。最后的 ROR 格式，是相对于任何一个搜索引擎都独立的
XML 格式。

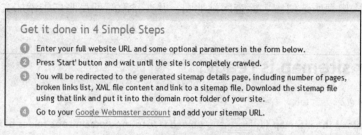

图 9-27　XML Sitemap 网站地图生成步骤

① 填写完整的网站地址，并在下面的表格中选择参数。

② 单击"开始"按钮，并等待直至网站被完全抓取。

③ 您将被重定向到生成网站地图的详细信息页面，包括页数、损坏的链接列表、XML 文件
内容，并连接到一个网站地图文件。使用该链接下载 Sitemap 文件，并把它放到你的网站的域
名根文件夹内。

④ 转到您的谷歌管理员账户，并添加您的 Sitemap 网址。

网站地图的生成只需前两步就可以了，后两步是在网站地图生成后网站管理员需要做的事
情。图 9-28 所示是网站生成的页面。我们以某网站为例在空格中输入该网站完整地址，选定地
图生成时的相关参数，没有参数要选的直接单击"开始"按钮即可，如图 9-28 所示。然后静静
等待，网站地图生成后会自动跳转页面。

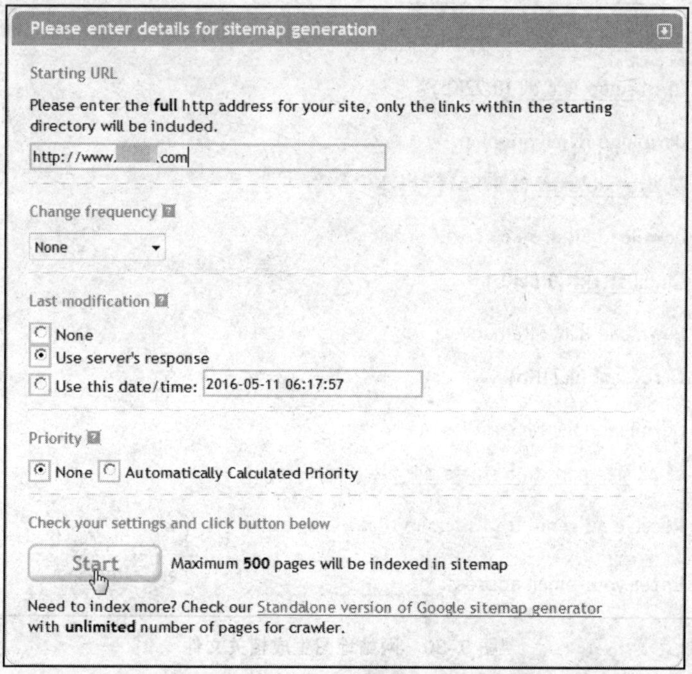

图 9-28　网站地图生成

在网站地图生成后网站会提醒你地图已经生成，接下来要进行的两步：一是在蓝色字体处下载该文件（图中黑框所选位置），并将其上传到该网站的域名根文件夹中；二是在提供的蓝色字体的网址中（图中黑框所选位置）检查网站地图，并在谷歌管理员账户中添加文件，如图 9-29 所示。

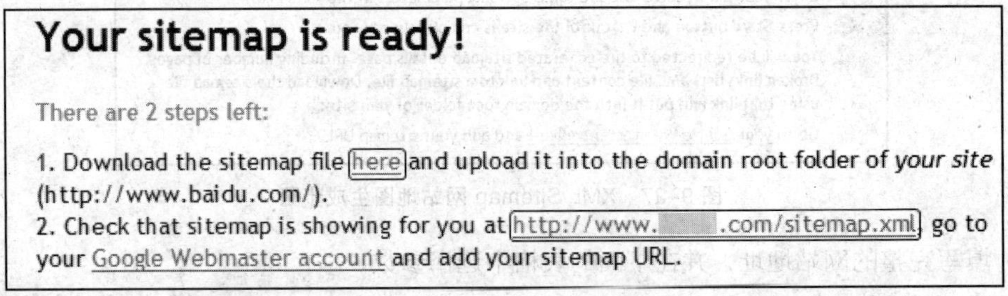

146

Your sitemap is ready!

There are 2 steps left:

1. Download the sitemap file here and upload it into the domain root folder of *your site* (http://www.baidu.com/).
2. Check that sitemap is showing for you at http://www._____.com/sitemap.xml, go to your Google Webmaster account and add your sitemap URL.

图 9-29　网站地图生成提示

网站地图生成后除了可以直接在 XML Sitemap 官网下载还可以提供自己的邮箱，官网会通过邮箱将文件全部发送，如图 9-30 所示。

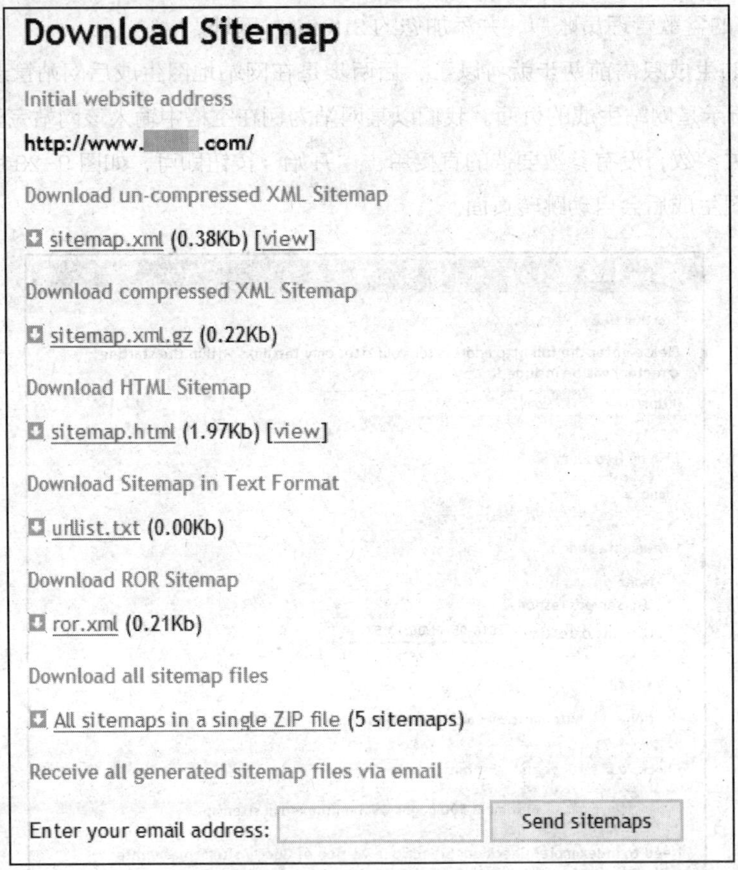

Download Sitemap

Initial website address

http://www._____.com/

Download un-compressed XML Sitemap

☒ sitemap.xml (0.38Kb) [view]

Download compressed XML Sitemap

☒ sitemap.xml.gz (0.22Kb)

Download HTML Sitemap

☒ sitemap.html (1.97Kb) [view]

Download Sitemap in Text Format

☒ urllist.txt (0.00Kb)

Download ROR Sitemap

☒ ror.xml (0.21Kb)

Download all sitemap files

☒ All sitemaps in a single ZIP file (5 sitemaps)

Receive all generated sitemap files via email

Enter your email address: [＿＿＿＿＿＿]　[Send sitemaps]

图 9-30　网站地图生成相关文件

以上便是 XML Sitemap 生成网站地图的程序。该工具主要的优点是使用方便，可以生成

XML 格式或者 HTML 格式的文件；缺点是不太稳定，有时会出现生成的程序不充分的情况。

9.4.2　远程桌面连接

当网站发展到一定的阶段和规模，站长就应该考虑为网站托管服务器了。一般情况下，服务器会被托管至电信或网通的机房，网站管理员则需要对服务器进行管理。在对服务器进行管理时需要在服务器安装运营软件，那么此时就用到了我们本节要讲的管理工具——远程桌面连接。

最初远程桌面连接是 Windows 2000 Server 开始由微软公司提供的，一经推出就受到了广大用户的喜爱。因而在后续的操作系统中微软也进行了不断的改革，只需要一些简单的设置就可以开始远程桌面连接。

所谓远程桌面软件就是当某台计算机开启了远程桌面连接功能后，就可以在网络的另一端控制这台计算机。通过远程桌面功能我们可以实时地操作连接的计算机，安装软件、运行程序都可以。通过该功能，网站管理员就可以在家中安全地控制单位的服务器。

开启网站的远程桌面管理相对来说十分简单。以 Windows 7 为例，进行一些简单的设置就可以。

① 在桌面"计算机"上单击鼠标右键选择属性。

② 在弹出的系统属性中选择窗口左侧的"远程设置"。

③ 在远程标签中找到"远程桌面"，在"容许用户连接到这台计算机"前打勾，确定后即可完成，这表示该台计算机可以被远程桌面连接。

这一设置在需要被远程桌面连接的计算机上进行操作。接下来是在执行远程桌面连接的计算机上进行操作。

① 通过任务栏的"开始→程序→附件→远程桌面连接"来启动登录程序。

② 在打开的程序框中"计算机"处输入需要被远程桌面操作的计算机的 IP 号，然后单击"连接"按钮即可，如图 9-31 所示。

③ 这时就可以直接在被连接的计算机上进行操作了。

图 9-31　计算机远程操作示意图

这是计算机中内置的远程桌面连接操作系统。市面上也有很多远程操作软件，如网络人、向日葵、360 等。不过因为是系统自带内置的，所以相比于第三方，操作更加灵活。

9.4.3　运营状态监控工具

网站状态监控就是网站监控。网站监控就是通过软件或者网站监控服务提供商进行监控以及数据的获取，从而达到数据的获取和网站的排错。之所以要加强网站的监控，主要有两个方面的原因。

首先就是网站数量的增多。互联网的发展使得个人网站、企业网站、社区网站大量出现，网站间彼此的竞争越来越激烈。通过对网站的监控，获取网站数据，对于提高网站的优化、增强自身的竞争力有着非常重要的作用。

其次就是避免网站出现错误。不论是对搜索引擎还是浏览用户来说，网站的稳定性都是非常重要的。经常出错的网站影响用户的浏览体验，降低用户的好感度；而且经常性出错的网站，搜索引擎会认为网站的稳定性不高，长时间下去会造成降低网站的权重，影响网站的竞争力。

由此看来，网站的监控对于站长来说是一项非常重要的工作。当前网站的监控主要有两方面的工作：一是故障监控，即我们在定义中所提到的，通过对网站故障的监控达到排错的目的；二是 SEO 监控，主要任务是数据的采集和报告。

当前国内有众多的网站监控服务商，主要有监控中心、小蜜蜂、云纬系统、网站预警机、监控宝、百度、阿里、360 等。本节我们将会以小蜜蜂为例为读者介绍网站监控工具。

小蜜蜂网站监控报警服务平台，是 Hugedata 公司根据当前中小企业需求开发的一种综合测量网站运营情况的线上工具。它可以定时监控网站或服务器的可用率（Uptime），一旦网站无法连接或是服务器发生错误，小蜜蜂网站监控服务就会在最短的时间内以电子邮件或简讯来通知网站管理员，将因网站无法正常运营而造成的损失降到最低。图 9-32 所示是小蜜蜂网站监控工具。

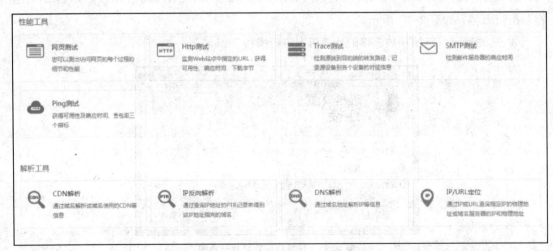

图 9-32　小蜜蜂网站监控平台监控工具

进入小蜜蜂网站监控首页，选择工具一栏。图中出现的就是小蜜蜂用以进行网站监控的工具。

我们可以以网页监控为例做一个网站监测。如图 9-33 所示，选择四川省人事考试网，节点选择南充，即表示在南充浏览四川省人事考试网的网页浏览情况。

通过网页监控，小蜜蜂网站监控首先会给出一个总评价。我们可以看到四川省人事考试网的得分是 95 分，网页状态非常优秀。在做出总评价后，会给出一个比较详细的网页监控数据。由于篇幅所限，在这里我们只截取了前 5 个网页地址的页面监控情况。

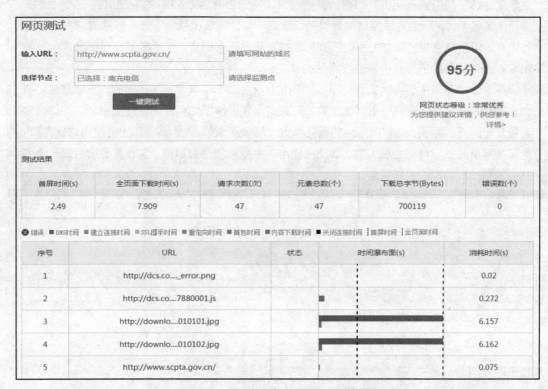

图 9-33　四川省人事考试网网页测试情况

从图中的两个表格可以看出对网页测试的一个基本情况。总体来说网页状况良好，在第 3 页和第 5 页，DNS 时间较长，说明网页的反应时间较长，链接状况不甚良好，需要改进。

小蜜蜂网站监控主要针对的是中小企业的网站监控，同时对一些政府网站的浏览情况做监控。相对而言，小蜜蜂在网站监控这一块做得比较好。在对网页监控做出诊断后，小蜜蜂还会对出现的情况做一个优化建议。图 9-33 中只需点击评分下面的详情即可。

网站的优化涵盖的项目众多，而且细碎，网站的检测也是如此。对于大型企业来说，一般都会组织公司内部的网站监控平台；而一些中小型企业，将其提供给一些网站监控服务商，对网站的运营会更加有利。面对市面上众多的网站监控平台，站长要考虑自家网站的情况，还要评比各个平台的优劣之处，以便选出合适的平台，做好网站监控。

综上所述就是网站管理所要涉及的工具。在进行网站管理时可以多多尝试其他类型的工具，广泛涉猎，这样不仅可以通过比较找到更加适合自己的工具，还有助于养成自己对网站管理的理念，增强管理认识。

实战演练

    多喜爱家饰用品有限公司是一家以专业设计生产和销售床上用品为主的家装公司,产品涉及被套、床笠、床单、床铺、床裙、枕套、被芯等。公司营销中心设在中国湖南省长沙市,生产企业等在广东省东莞市。目前,多喜爱公司用户自营店近 200 家,加盟店 800 余家,遍及全国各地,是行业内发展速度最快的企业之一。公司在加强线下推广的同时也积极入驻各大时尚电子商务生态圈,进军电子商务领域,开展旺火销售。为了提高公司和公司网站的知名度,公司借助于搜索引擎进行网站的推广。

    在本章中我们主要向大家介绍了一些网站优化的工具,涉及网站的管理、网站流量的查询、关键词排名及其他一些拓展性工具,同时向大家讲解了如何使用这些工具。假如你是多喜爱公司网站的站长,请利用提供的网站 http://www.dohia.com/,就如何使用这些工具,尤其是百度站长平台和站长工具,以及在使用时主要参考哪些数据,在收集数据后做一个网站运营和推广情况的分析报告。

10 第10章
数据监测与分析

本章简介

上一章我们为读者介绍了网站的管理工具，本章我们将介绍网站的数据监测与分析。网站站长使用网站管理工具要做的最重要的事情就是收集网站数据。网站运营推广是否良好需要通过网站的各项数据来进行判断。正如医生需要通过病人的病症来判断病情一样，数据就好比病人的病症，站长需要通过数据来判断网站已经存在的问题、可能出现的问题，进而及时应对，将网站的损失降到最低，以实现网站的良好运营与推广。

在本章中我们将会介绍一些在网站的日常运营中需要关注的数据，同时也会讲解如何根据网站数据进行网站优化及优化的方向与方法。

学习目标

1. 了解网站运营产生的数据；
2. 学会进行网站数据的收集与分析；
3. 根据数据分析结果进行网站的优化。

10.1　数据监测

近些年在互联网的发展中，越来越强调用户体验。用户体验简单说即以用户为中心，以人为根本。

网站优化也应当如此，比如关键词的选择、内外链的设置、网站主题的制定、网站页面的设计。要想实现对以上方面的优化需要加强对用户的了解，而对用户的了解则需要通过用户的行为进行分析，用户上网时的行为就通过网站的各项数据进行收集和整理。也就是说网站站长需要进行数据监测与分析，通过这些了解用户进而加强对网站的优化，这样的优化也更加具有针对性！可以说网站日常监测到的数据是站长进行网站优化的重要依据，用数据来分析用户体验是重要的方式。

还应该值得注意的是，网站数据现在是评估一个网站的重要指标。不同于传统行业强调的品牌效应，互联网不仅看重品牌效应，因为数据是有据可查的科学的评估资料，通过对网站运营数据的各项指标进行分析就可以得出一个科学的具有参考价值和执行力的分析报告。那么常用的网站数据都有哪些呢？接下来我们将分别从流量比例、搜索引擎来源、搜索关键词、入口页面这四个方面来进行讲解。

10.1.1　流量比例

在询问网站流量比例时，我们需要知道网站流量及网站流量来源这两者的定义。网站流量简单说就是网站的访问量，是用来描述访问一个网站的用户数量以及用户所浏览的网页数量的指标。网站流量来源则是指用户通过何种方式进入网站，是直接输入网站网址还是通过搜索引擎，或者是通过其他网站的外部链接进入网站。而这三者所带来的流量之间的比例就是流量比例，如图 10-1 所示。

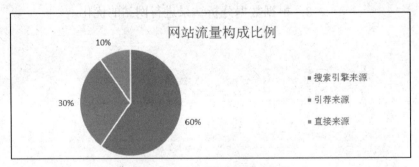

图 10-1　网站流量来源构成比例

这 3 种进入网站的方式分别叫作直接输入网址导入、搜索链接导入、外链导入，而这 3 种方式带来的流量则可以称为直接流量、搜索流量、推介流量。通常一个网站主要就是通过这 3 种方式带来流量的，这三者带来的网站流量的大小有差异。而对于这三者之间的差异，站长要各有侧重。一般搜索引擎带来的流量最大，其次是推介流量，最后是直接流量。站长在优化时要保小扩大，即在不降低直接流量的前提下扩大推介流量和搜索流量，尤其是搜索流量。

网站的直接来源就是用户直接通过输入 URL 不借助于第三方进入网站，或者使用收藏夹中的标签直接进入网站，如图 10-2 所示。

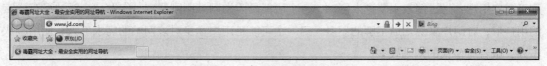

图 10-2 直接输入网址进入网站

在图中的标题栏中我们可以直接输入京东的网址，或者点击标题栏下方收藏夹中京东的标签。这两种方式主要构成直接导入，带来直接流量。可以带来直接流量的通常都是网站的忠实用户，因为经常浏览网站他们会将网站地址记住或者收藏，以方便下次浏览。一般这样的网站网址简单易于记住，如 www.jd.com 或者 www.163.com；还有就是品牌性好、有知名度，如 www.baidu.com；再有就是能满足用户社交需求的，如 www.douban.com。但是在实际生活中直接流量还包含了一些无法获得引荐来源流量，如在 QQ 或者微信聊天中分享的链接，这些链接不能直接查找引荐来源，所以计入直接流量。直接流量的来源一般流量较为稳定，流量比可能出现变化，但是流量大小变化不大。忠实用户一旦确立黏性极强，不会出现轻易离开网站的情况，算是网站流量的基础。

针对直接导入的流量，优化的方式主要就是通过定时的更新网站，给忠实用户提供可利用的有价值的资源或者信息，毕竟内容是吸引用户的第一要素。如果不能长期稳定地提供优质资源，再忠实的用户也会放弃网站。

搜索流量就是通过搜索引擎带来的流量，用户使用诸如谷歌、百度、搜狗等搜索关键词从而进入网站。这个主要看网站对搜索引擎的友好度，如图 10-3 所示。

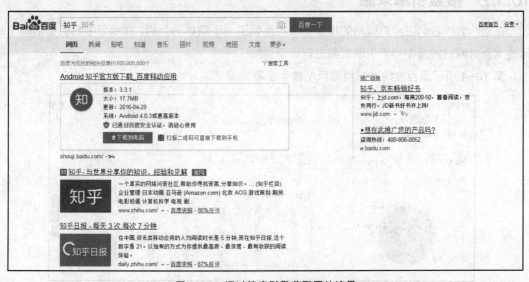

图 10-3 通过搜索引擎获取网站流量

由于搜索引擎是互联网用户在网上寻找信息的重要工具，所以网站流量大多是通过搜索引擎带来的搜索流量，这一部分流量在网站流量中占据的比例最大。一般通过搜索引擎搜索网站主要是输入品牌关键词，如图 10-3 所示直接在搜索栏中输入"知乎"即可搜到想要登录的网站的链接。或者是通过非品牌关键词，如在搜索栏中输入"驾校"可能出现众多和驾校相关的网站。不同于忠实用户，通过搜索引擎进入网站，一个可能是因为网站刚刚建立，作为一个新站没有一定的用户群，对用户来说知道了解的不多；另一个可能是用户本身对该网站的需求不大，使用频次不高，或者可替代的网站较多。

最后一种就是推介导入或者说是引荐导入。直白地说就是通过外链进入网站。通过互换链接，交换广告位或者其他的合作方式获得流量。影响引荐流量变化的首先就是引荐网站的流量。也就是说，引荐网站的流量大，那么注意到引荐链接的人群就可能相对较大，引荐流量就会比较大。如果引荐的网站的流量很低，那么链接位置再显眼也很难增加推介流量。还有就是链接的位置，首页的链接和内页的链接所带来的引荐流量肯定不一样。再有就是链接的形式，人对文字和图片的关注度不一样，文字链接和图片链接或者是 Flash 形式的链接也就会带来不同的引荐流量。最后就是链接内容不用，引荐流量也会不同。

3 种导入网站的流量虽说有差异，但是在比例上应该保持稳定。三者的比例具体应该达到什么程度，在图 10-1 中展示的只是网站流量比例的例子，并不是网站应该达到的真实比例。在查阅相关统计后，针对网站流量的比例有的说应该是直接访问量应达到 20%，引荐流量应至少达到 15%～20%，搜索来源就应该是达到 60%～65%；也有的说搜索来源应该占有 50%，直接来源应该有 30%，引荐来源应该有 20%。虽说网站流量比例具体应该达到多少最为合适还没有一个比较具体的共识，但可以看到的是在三者之中搜索来源占据比例最大，剩下两者互有高低。因此，这还要看站长具体运营的内容了。

10.1.2　搜索引擎来源

在上一节中我们已经对网站的搜索引擎来源做了一个简单的介绍。在本节中我们将借助于具体的实例对网站流量中搜索引擎来源进行一个讲解。

图 10-4 所示是百度统计对百度网站搜索引擎来源的统计数据。

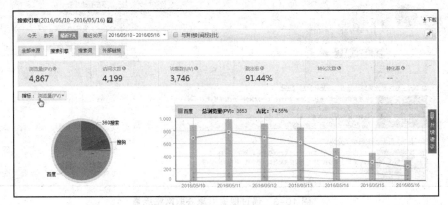

图 10-4　百度网站流量搜索引擎来源

百度统计是为广大站长提供的进行网站数据统计的工具。其监测的数据涵盖范围广，对于网站站长有着很大的帮助。

在使用百度统计工具时，登录进入即可。在选择时间时，百度给出了“今天”“昨天”“最近 7 天”“最近 30 天”及自定义 5 个选项，我们以最近 7 天的网站流量为参考进行数据分析。我们可以看到通过搜索引擎带来的网站流量 PV 值是 4867，访问次数是 4199，独立访客数是 3746。当然这里没有表现各大搜索引擎在网站流量中的比例。在图下方的图表中则是详细展现了各站长希望了解的数据。在指针所指的位置我们可以选择想要观看某项数据的图表，这里我们选择以 PV 值为例。

图中饼状图展现的是各大搜索引擎所占据的比例。共有 5 个搜索引擎，百度最大，占据 PV 值是 3668，占比 74.46%。其次是 360 搜索，PV 值是 873，占据比例是 17.73%。再次是搜狗，PV 值是 339，占据比例是 3.38%。（图中应该还有 3 项分别是必应、谷歌和神马搜索，PV 值分别为 20、15、9，占据比例均不到 1%可以忽略不计）。

直方图是每日五大搜索引擎的浏览量，折线图则是各个网站当日的浏览量。从总体上来说 PV 值呈现下降的趋势，5 月 11 日最高接近 1000，之后就呈现下降的趋势。不过考虑到是最近 7 天的数据，数据还不完整，所以需要不断地进行更新，这点是需要注意的。

百度是国内最大的搜索引擎网站，所以占据的比例是最高的，这是可以理解的。同时 360 和搜狗也在不断地往搜索引擎领域推进，两者基本占据 1/4。必应、谷歌和神马搜索加起来占据 0.89%，可以忽略不计。

在通过搜索引擎引流时，百度依旧是当前网站站长要关注的重点，可增强用户对网站品牌关键词的熟识度和认可度，促进用户通过品牌关键词进行检索；同时加强关键词的优化，提高百度友好度等。但要注意的是不应只把关注度放在百度一个搜索引擎上，对于 360 搜索和搜狗搜索也要做好优化。在介绍长尾关键词时我们了解到一些关注点不高的关键词也可以带来相当可观的网站流量，所以通过 360 搜索和搜狗搜索两者带来的流量也是要重视的。

10.1.3 搜索关键词

搜索关键词是网站通过搜索引擎来进行引流的主要方式。在各大搜索引擎中，用户通过搜索关键词检索想要找到的信息或者网站。百度统计也对网站检索关键词进行了统计。下面我们依旧以百度为例进行讲解，如图 10-5 所示。

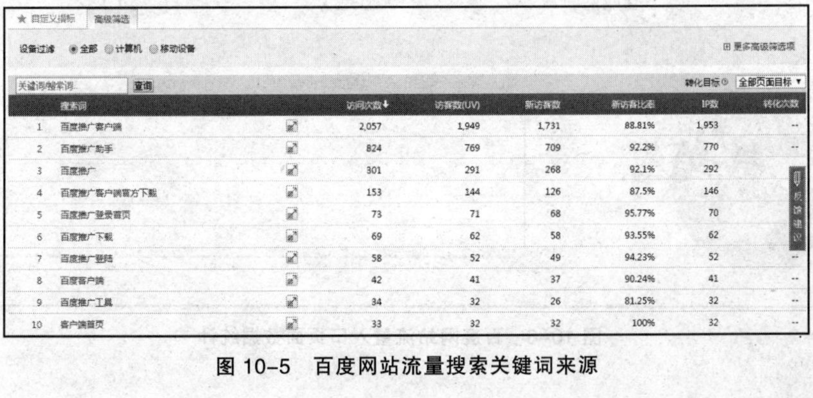

	搜索词	访问次数	访客数(UV)	新访客数	新访客比率	IP数	转化次数
1	百度推广客户端	2,057	1,949	1,731	88.81%	1,953	--
2	百度推广助手	824	769	709	92.2%	770	--
3	百度推广	301	291	268	92.1%	292	
4	百度推广客户端官方下载	153	144	126	87.5%	146	
5	百度推广登录首页	73	71	68	95.77%	70	
6	百度推广下载	69	62	58	93.55%	62	
7	百度推广登陆	58	52	49	94.23%	52	--
8	百度客户端	42	41	37	90.24%	41	--
9	百度推广工具	34	32	26	81.25%	32	--
10	客户端首页	33	32	32	100%	32	--

图 10-5　百度网站流量搜索关键词来源

在进行关键词来源的查询中，指标设定为全部，时间选定为最近 7 天。我们截取了百度统计搜索关键词统计中排名前十的榜单。百度每页可现实的排名有 20、50 和 100 三个选项，个人可根据自己的喜好进行调整。

从榜单中我们可以看到排名第一的检索词是"百度推广客户端"，访问次数最多。其次是百度推广助手和百度推广，看得出访问次数大幅度下降。访问次数（Visit View）指访客从进入网站到关闭网站所有页面离开记为一次访问，若访客连续 30 分钟没有离开和刷新页面，或者关闭浏览器，则被计算为本次访问结束。通过访问次数，我们可以推断该关键词和网站内容的匹配度，匹配度高的关键词访客数量就会多；访客数少说明关键词和网站内容匹配度不高，该关键词需要替换。

访客数（Unique View）又叫独立访客，一般一个相同的访客在一天中多次访问网站只能算为一个访客。新访客数是指百度统计在某段时间开始统计后第一次访问网站的独立访客数。新访客比率就是新访客数比总独立访客数，图中即 1731：1949。通过这三者我们可以推断网站关键词的选择、优化和推广是否得当，访客数和新访客数的数据较大时，说明该关键词在用户中的渗透程度高，可以用于网站搜索优化，如果低那么该关键词需要替换。

IP 数就是一天当中记录的唯一 IP 数。每拨号一次就可能会分配一个 IP 地址，独立访客比 IP 更能反映网站的实际流量，不过 IP 的大小也多少可以反映网站关键词在用户中的渗透率。从上图中，我们可以得出百度在做关键词优化时重点是"百度推广客户端"，其次是"百度推广助手"。

10.1.4　入口页面

入口页面又称为"Landing Page"，即"着陆页面"。简而言之，即为访客访问网站的第一个入口，也就是每次访问的第一个受访页面。用户对网站的第一印象来自于入口页面，可以说入口页面的优化程度决定了用户是否会继续浏览该网站。做好对入口页面的数据统计对网站优化有着重要的作用，如图 10-6 所示。

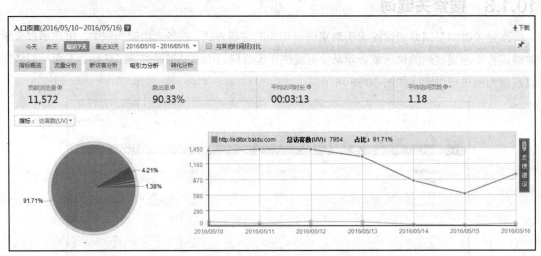

图 10-6　百度网站流量入口页面数据统计

通常对网站入口页面的分析主要有 4 个指标，分别是：流量、新访客、吸引力和转化。其中流量分析主要以 3 个指标为准，分别是：浏览量、访客数和 IP 数。新访客则是重点考查新访客数和新访客比率。吸引力则要重点分析浏览量、跳出率、平均访问时长和平均访问页面。转化分析就要重点分析转化次数和转化率。

查看入口页面的相关数据，时间上我们选择为最近 7 天。在提到的对入口页面 4 个指标的分析中，我们选择吸引力分析。之所以选择吸引力分析是基于一定的考量。入口页面需要有能吸引用户抓住用户的功能，如此用户在本网站浏览的时间才会较长、浏览的页面才会较多，最终实现转化的可能性也较高。即使不能实现转化，也可以给用户留下良好的印象，增加网站的互访率。因而，对于入口页面的吸引力的分析可以判断网页内容质量。

从图中数据我们可以了解到 http://editor.baidu.com 入口页面的浏览量是 11572，独立访客数是 7954，占独立访客总数的 91.71%，平均访问时长是 3 分 13 秒，平均访问页面数是 1.18，跳失率是 90.33%。跳失率是指用户访问入口页面所产生的访问量与总访问量的百分比。单从跳失率和平均访问页面来看，该网页的内容质量可能不高，跳失率过高，平均页面数也过低。但是浏览量和独立访客数却占据绝大部分，平均访问时长也较长。我们在进入该网站后发现，这是个百度推广客户端的在线安装页面。这样就可以理解为何会出现这种情况。网页可以满足需要进行网站推广用户的需求，在满足需求后用户就会离开该网站。

站长在面对此种情况时为了不浪费浏览量和独立访客数，同时降低跳失率，提高访问页面的数量，就可以在此页面添加和网站应用推广相关的链接，比如一些咨询、应用推广的技术帖等。

以上就是网站常用到的数据监测指标。除了这些网站数据需要监测以外还会涉及一些访客分析，比如访客的地域、访客的属性、访客的忠诚度等。这都是需要网站站长进行监测和分析的内容。网站站长的日常工作是做好网站的运营和推广，而运营和推广的情况则是通过网站的各项数据表现出来的。网站数据庞杂，但只有做好对这些数据的监测与分析才能针对出现的问题对症下药。

10.2　三大识别网站问题的参数

加强对网站的数据监测除了更有针对性地进行优化外，还要根据数据发现网站问题，规避问题，以免对网站造成损失。在网站监测中常用的识别网站问题的参数主要有 3 个，依次是：网站跳失率、页面停留时间、目标价值。在上一节中我们简单地提到了网站跳失率，那么在本节中针对这 3 个指标我们将会进行比较详细的讲解，以帮助读者有一个初步的认识。

10.2.1　网站跳失率

网站跳失率即通常所说的跳失率（Bounce Rate）或者蹦失率，是指显示顾客通过相应的入口进入，只访问了一个页面就离开的访问次数占该页面总访问次数的比例。其计算方法是：跳失率=只浏览一个页面就离开的访问次数/该页面的全部访问次数。简单地说就是用户不管通过什么方式进入目标页面后都没有继续访问该网站的其他页面，而是选择直接离开。

跳失率是衡量一个网站用户体验的重要参考数据。跳失率越高，说明网站的用户体验就越低。其实质是衡量被访问页面的一个重要因素。用户在检索某些信息时其实已经有比较明确的目标，对网站也有一些页面上的认识，形成跳失主要原因是网站提供的信息与预期目标出现差异，进而对页面内容、服务甚至网站的整体形象造成影响。以电商类网站为例，形成跳失率的过程如图10-7所示。

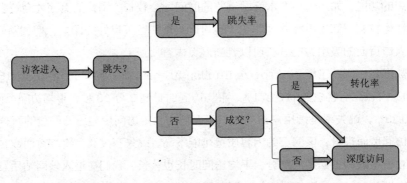

图 10-7　电商类网站形成跳失率过程图

众所周知，对电商类网站来说跳失率是影响成交转化率的重要因素。过高的跳失率会影响电商类网站的成交额度，因而降低网站的跳失率，优化入口页面是非常重要的内容。在第 9 章中我们谈到 Alexa 可以分析网站的跳失率，但是不能查询相关网页的跳失率。而百度统计可以查看网页的跳失率，如图 10-8 所示。

	页面URL		访问次数	新访客比率	页献浏览量↓	跳出率	平均访问时长	平均访问页数
						转化目标① 全部页面目标▼		
1	http://editor.baidu.com		9,419	86.57%	11,095	90.3%	00:03:16	1.18
2	http://editor.baidu.com/?qq-pf-to=pcqq.c2c		416	88.43%	458	93.99%	00:03:30	1.1
3	http://editor.baidu.com/function		70	91.43%	99	78.57%	00:01:39	1.41
4	http://editor.baidu.com/search		41	92.68%	49	82.93%	00:01:09	1.2
5	http://editor.baidu.com/account		37	94.59%	42	89.19%	00:01:29	1.14

图 10-8　百度统计入口页面网页的跳失率

我们可以看到每个入口页面都有相对应的跳失率。跳失率或者跳出率最高的是排名第二的网站，为 93.99%；跳失率最低的是排名第四的网站，为 82.93%。在百度统计中输入电商网站网址即可查询到相关网址的跳失率。

那么如何降低跳失率呢？

首先就是页面布局清晰合理，网站设计符合大众审美。所以应该根据自身网站的定位，有针对性地设计网站页面和布局。在这里应该利用好导航栏，以便于用户搜寻自己感兴趣的内容。

其次就是内容。第一是增加用户感兴趣的文章，吸引不了用户就会造成用户的流失。第二是保证文章质量，原创质量高的文章会更受用户的欢迎。这里的高质量可以是原创性的文章，也可以是在搜集各方资料后进行过加工的文章。简单的复制、粘贴会造成冗余信息的泛滥，从而给用户留下网站不受重视的印象，不仅会造成跳失率，而且会降低用户的回访率。

另外，还需要站长注意的问题就是页面的加载时间。互联网在信息传播中的特点是方便快捷，因而用户对网站页面的加载时间希望越短越好。如果网页在一定时间内没有加载完成，那么用户就会直接关掉页面，寻找新的页面。这是网站要注意的一点。

10.2.2 页面停留时间

所谓页面停留时间，就是指网站访客浏览一个网站页面所花费的时间长短。以百度统计为例，计算页面停留时间长短采用"时：分：秒"格式，如图 10-9 所示。

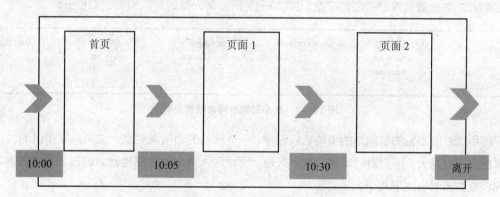

	页面URL		浏览量(PV)↓	访客数(UV)	IP数	入口页次数	贡献下游浏览量..	平均停留时长
1	http://editor.baidu.com	⌁	12,297	10,163	9,735	11,312	989	00:02:47
2	http://editor.baidu.com/function	⌁	637	599	599	85	284	00:01:30
3	http://editor.baidu.com/?qq-pf-to=pcqq.c2c	⌁	518	471	454	498	15	00:03:17
4	http://editor.baidu.com/search	⌁	251	233	233	47	121	00:01:33
5	http://editor.baidu.com/account	⌁	215	206	206	41	135	00:00:51

图 10-9　百度统计网站平均页面停留时间

图中黑框标示出的便是网站页面的平均停留时间，排名第一的停留时长是 00:02:47，停留时长也就是 2 分 47 秒。

那网站页面的停留时间是如何计算出来的？平均页面停留时间和网站停留时间优势如何计算出来的呢？这里我们可以通过图 10-10 来理解。

首页	页面 1	页面 2	
10:00	10:05	10:30	离开

图 10-10　网站页面停留时间计算过程

我们可以假设网站访客是在 10:00 进入网站的首页，在 10:05 分时用户点开页面 1，那么说明网站首页的页面停留时间是 5 分钟。在 10:30 分时用户点开了页面 2，那么网站页面 2 的停留时间就是 25 分钟。页面停留时间就是这样计算出来的。

在统计网站数据时，页面停留时间通常是通过平均页面停留时间来表达的。不过其中有个问题，就是所有的统计工具没有办法计算最后一个页面的停留时间。还以上图为例，在浏览过网页 2 后，用户可能因为受其他事情打扰直接离开，关闭网站；也有可能在此网页停留比较长的时间后离开。因为没有办法统计最后一个页面的停留时间，所以也就没有办法知道用户在最后一页究竟停留了多久，便直接按 0 分钟计算。那么网站的平均页面停留时间就是 10 分钟，用总时长除去浏览页面数，网站的停留时间就是 30 分钟。不过很明显的是，网站的停留时间是要长于 30 分钟的。这是当前网站在计算页面时间时面临的一个重要问题。

那么了解页面停留时间长短对网页的优化有哪些作用呢？这要分情况而定。例如，在新闻咨询或者网上社区这一类网站上，时间越长越好。这意味着用户在这里可以找到有价值的信息，在社区类网站中可能还会进行网上互动，停留的时间会更长。时间长表示用户对网站内容满意，对网站用户体验良好，说明当前网站设计规划得好。

时间越长也不一定表示网站做得越好。对于购物类网站，时间过长可能是用户找不到目标信息，我们要做的就是让用户尽快找到购物目标，从而实现转化。这样时间相对来说较短会比较好，而不是越长越好。

分析网站的页面停留时间需要和网站的其他数据进行互相的参考，统一成合适的整体进行系统分析，单看网页停留时间并不能实现很好的数据分析。

10.2.3　访问深度

访问深度就是用户在一次浏览网站时浏览的网站页数。用数据理解为网站平均访问的页面数，就是 PV（Page View）值比 UV（Unique Visitor）值。用公式表达为：

访问深度=页面浏览量/访问次数。

同跳失率和页面停留时间一样，访问深度也是检测网站内容质量的重要参考数据。站长可以通过 CNZZ 统计查询网站的浏览深度。图 10-11 所示是火车时刻表网站的数据分析。

	当日回头访客(占比)	访客平均访问频度	平均访问时长	平均访问深度	人均浏览页数
今日	710(21.81%)	1.42	1分9秒	1.22	1.74
昨日	1081(14.06%)	1.25	1分12秒	1.22	1.52

图 10-11　火车时刻表网站数据统计

图中黑框所圈定的是网站的平均访问深度。一个网站的访问深度越大说明网站提供的内容对访客的吸引力越大，用户对网站也会越感兴趣，继续深入访问的意愿也就会越强。通常影响用户访问深度的因素有以下几个。

1．网站视觉效果

首先，如果网站页面尤其是首页排版布局不够清晰、美观、明了和风格统一，不能保证高品质显示，则很容易会让访客产生视觉错乱和心理排斥。其次，网站产品或服务的图文如果不能很好地体现其定位或功能特点，则不能给访客以信服感。

2．网站内容

首先，网站的关键字设置、导航设置、关联度、价格定位营销方式、内容建设等没有切准目标访客的实际需求、期望和搜索习惯以获得访客共鸣并激发其购买欲望。其次，网站的产品或服务的解说逻辑不够清晰有力，导致网站没有足够的吸引力和理由让访客停留。

3. 营销方式

首先，客户定位不够精准。访客们都有自己的性格特征和个人喜好，如果网站营销推广的目标客户群定位不精准，就不会吸引真正潜在的客户到访网站。其次，网站营销模式和内容与实际的销售相脱节，无法达成"叫卖合一"，致使访客不能真正浏览到自己感兴趣的内容。最后，放任官方网站静默堆砌、过于被动、严重同质化的现状发展，使网站不能很好地吸引已经适应碎片化生活的访客。

提高网站的访问深度也就是从这几个方面入手。一是排版和布局要合理，同时注意图文并茂，避免文字过多的堆砌。这样结构明了，内容清晰，同时图片文字的结合更易于用户浏览。二是网站内容的更新。更新内容才可以不断地吸引用户浏览网站，当然内容质量一定要高，数量不一定多，大量低劣的内容只会让用户反感。三是有针对性地向目标客户进行推广。

综上所述，就是三大识别网站问题的参数。站长在对网站数据进行分析时，这三者是重要的参考数据。网站的优化是一个涵盖多方面内容的系统性工作，同样对这三者的分析也要置于网站数据分析的整个系统中，单个的网站数据可以提供一定的参考价值，但是只有系统性地分析网站数据才可以发现网站优化存在的问题，所以站长不要因过于重视这三者而忽略其他重要数据。

10.3　网站用户体验的优化

在进行网站用户体验的优化时，首先就要对网站的用户体验有一个比较清晰的认识。那么何为用户体验呢？用户体验说起来是比较主观的，它是用户在使用产品时建立起来的感受。ISO 9241-210 标准将用户体验定义为"人们对于针对使用或期望使用的产品、系统或者服务的认知印象和回应"，直白地说就是"这个东西好不好用，用起来方不方便"。因此，用户体验是主观的，而且十分注重实际应用时产生的效果。

网站用户体验优化（User Experience Optimization）就是对网站给用户带来的体验进行优化，面对用户层面的网站内容，本着为访客服务的原则，改善网站功能、操作、视觉等网站要素，从而获得访客的青睐，通过优化来提高流量转换率。网站用户优化有一个计算公式：UEO=PV/OR，这里 UEO 是网站用户体验优化，PV 值是页面浏览量，OR 值是网站跳失率。

用户体验涉及的层面主要有 4 个，分别是：有用性、易用性、友好度和视觉，如图 10-12 所示。

以视觉为例，用户在浏览网站时，网站色彩的搭配、颜色的变化、功能区的安排、版面的设计等，都会影响到用户在浏览网站时的感受。用户在浏览网站时，新闻咨询或者产品是否便于查询，在电商类网站中目标产品是否容易找到，这些都包含在用户体验中。

互联网信息庞大，生态复杂。用户之所以会钟情于某种网站而不使用其他网站，是因为受到自己感官体验的引导。一些网站会针对用户做出方便用户浏览网站的改进，使用户在浏览网站时心情愉悦，感受良好，时间长了再需要上网时，就会直接前往某网站。

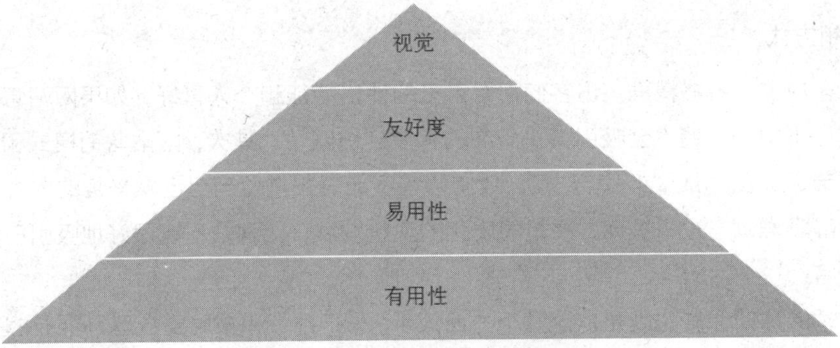

视觉

友好度

易用性

有用性

图 10-12　网站用户体验层次

当前互联网处于一个大爆发、大发展的时期，网站数量众多。如何在众多网站中建立自己的用户群体，就需要网站加强用户体验的优化，吸引用户的浏览，增加用户的黏性，培养用户的行为习惯，最终形成自己网站的固定用户群，并通过用户的口碑不断地实现网站的社会化传播。在计算网站的用户体验优化中我们给出了一个公式，针对网站用户体验的优化就从提高网站的页面浏览量和降低网站的跳失率入手，从 4 个方向进行讲解。

10.3.1　稳定的空间和高速链接是首要条件

在浏览网站时，用户对网站的加载时间是有一定忍耐期限的。经过统计发现，用户所能忍受的网页加载的时间最长为 6～8 秒，当时间超过 12 秒时，99%的用户会直接关掉网页点击新的网页。因而在增强用户体验时，首要任务就是保证网站加载时间不能过长。毕竟如果网页都打不开，其他的再怎么优化也展示不出来。

影响网页加载时间的主要是网站的空间和链接。稳定的网站空间和高速链接可以极大地提高网站的加载速度。要测试网站空间的稳定性和链接情况，可采用以下两种方法。

一种是通过本地的 ping 命令进行查看。ping 命令是一个通信协议，可以检查网络链接是否通畅，帮助我们判定和分析网络故障。其操作过程是：

单击"开始"，然后单击"所有程序"，找到附件当中的"运行"，单击会出现如图 10-13 所示的程序。

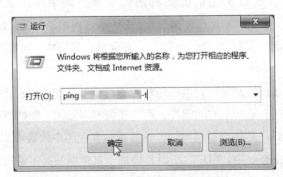

图 10-13　ping 命令网络链接查询

通过这个程序可以查看本地计算机与网站空间的信息交互情况，其响应的时间是判断主机速度的重要标准。这其中"–t"的意思是源源不断地向主机发送数据包。如果请求超时，则说明服务区稳定性不强。

另一种是可以通过站长工具。第一种方法只能查询本地的链接情况。但是网站面对的是全国各地的用户，所以了解全国各地的链接情况也是非常重要的。那么通过站长工具我们就可以查询网站在各地的链接情况，如图 10-14 所示。

监测点	解析IP	HTTP状态	总耗时 ⇕	解析时间 ⇕	连接时间 ⇕	下载时间 ⇕	文件大小	下载速度	操作
天津[多线]		200	17ms	1ms	3ms	13ms	35.21KB	8588.24KB	ping tracert
广东[多线]		200	28ms	1ms	5ms	22ms	35.21KB	5214.29KB	ping tracert
江苏[电信]		200	38ms	13ms	6ms	19ms	35.21KB	3842.11KB	ping tracert
安徽[电信]		200	41ms	3ms	9ms	29ms	35.21KB	3560.98KB	ping tracert
河北[联通]		200	44ms	2ms	7ms	35ms	35.21KB	3318.18KB	ping tracert

图 10-14　各地网站链接情况

我们以爱奇艺为例，通过站长工具查询网站速度。我们能够看到，排名第一的是天津，总耗时是 17 毫秒，解析时间是 1 毫秒，连接时间是 3 毫秒，下载时间是 13 毫秒。在地域排名上，依耗时时间由短到长依次排名。通过查看可以了解到，图中地域的网络链接速度是很快的。

网站空间不稳定造成的影响是根本的。空间不稳定会影响网站的传输速度和传输稳定性，从而会使网站权重降低；首页不在第一位，关键词不被抓取。还有就是网站的内容不再被搜索引擎抓取收录，最终网站好感度降低，所以网站空间的稳定性是网站优化的基础。站长在购买网站空间时应该购买独立、有信誉度、管理良好的空间，还应注意带宽过小会造成网站加载速度降低。其他的诸如提供数据备份、网络访问的兼容性等也是站长要注意的。

10.3.2　网站的视觉效果是关键

当用户进入网站首页时，页面的视觉效果是给用户留下的第一印象，因而网站的视觉效果是影响用户是否深入了解网站的关键。那么网站的视觉效果应遵循什么原则呢？

首先就是网站整个页面的颜色是否协调，不可给人刺眼的感觉；其次是要看网页上的文字是否易于阅读；再次是要看图片，注意数量的多寡和清晰度；最后就是动与静的搭配得当。我们以苹果公司官网为例，如图 10-15 所示。

苹果公司享誉全球，其生产的产品不仅有着极高的产品质量，同时在产品的设计包装上也是众多科技公司学习和模仿的榜样。作为一家出售商品的企业，企业网站作为向用户展示产品的重要平台，要和企业的整体设计理念保持一致。

浏览苹果公司的网站首页首先给人的感受就是简约。这和苹果公司在产品设计上的理念是一脉相承的。苹果在产品设计中倡导简约主义，在摒除掉让人眼花缭乱的设计后突出的是产品本身功能的强大和人性化。但是这种简约不是简单，也不是在网站上简单地呈现产品图样即可。

以图 10-15 中的 Watch 为例，在以白色为背景色的基础下，3 款手表显得十分突出，在用户进入网站后就会被突出的产品所吸引。稍加注意也会发现，3 款手表颜色是经过精心挑选的。

与黄色相搭配的是跑步功能的展示，主选黄色给人以积极阳光的感觉。在展示信息功能时主选的颜色是蓝色底色加棕色条文，搭配亮绿色的信息提示，偏向于生活化。在手表最基础的时间功能展示上则是选择了以黑色为主色调，黑色给人专注、严谨、庄重的感觉，而时间是严谨的、庄重的、讲求准确的。整体来看，简约的背景下不会显得产品单调。单看图片对人的吸引力就十分强，对于想要了解该产品的用户，如图直接点击即可，操作相当简便。想关注其他产品的用户，只需点击左侧或者右侧的箭头即可转换产品。

图 10-15 苹果公司（中国）网站首页

在网站视觉效果的优化中，还要考虑的就是用户群。苹果主打的是中高端产品，面向的人群也是中高端人群。中高端人群生活和工作时间相对紧张，在日常生活中会更加追求舒适和简约的风格。苹果依据客户人群的生活追求，也要主打舒适简约。以用户为中心，以人为本。同样的，办公软件 Office 在颜色上的选定是浅蓝色，因为使用办公软件的大多为公司职员，他们一般会长期使用计算机，导致眼睛容易疲劳，而淡蓝色是人眼舒适色，对眼睛的刺激相对最小，这也是Office 选定浅蓝色的原因。

当然不是任何网站都应该这样，不同的网站还是应该有不同的设计要求。对于阅读类的网站，苹果的视觉效果就不一定适用。对于咨询阅读类的网站则是考虑文字阅读的感受，页面是否利于阅读，文字的大小、格式，版面编排，都是要注意的地方。

10.3.3 清晰的导航是核心

如果将网站用户体验的优化比作个人应聘工作，视觉效果就是个人简历，而清晰的导航就是应聘者的试用期。导航看似是页面设计的部分，但是实质上反映的是网站的可操作性。清晰的导航便于用户发现信息，利于操作，不用过多地使用鼠标点击或者使用滑轮，频繁地操作会消耗用户的耐心，自然也会降低用户的操作体验。

网站导航对于帮助用户更好地浏览网站有着重要帮助。对于站长来说，提升用户网页停留时间、降低跳出率、提高 PV 也有着明显的作用。关于网站导航也有一个问题需要指出，网站导航不只包括主导航，还包括面包屑导航、底部导航，其他的网站栏目、当前位置、返回首页或者上一页，都是导航系统的一部分。它有助于用户浏览网站信息、获取网站服务，并且在整个过程中不会迷失，在发现问题后可以及时找到帮助的所有形式都是网站导航系统的组成部分。

通常网站导航在用户体验这方面的作用主要体现在以下 3 个方面。

第一就是帮助用户完成在网站各个页面之间的跳转。用户浏览网站大多不会只浏览一个页面就离开，常常会在几个页面之间选择，在有导航的情况下用户就可以在各个页面之间跳转。

第二就是帮助用户理解网站各内容与连接的关系，使用户对网站整体有一个认识，便于用户快速找到感兴趣的内容。

第三就是定位用户当前的位置信息，让用户知道怎么返回首页或者上一页，以及去何处寻找自己要找的内容。

网站导航在进行用户体验优化时该怎么做呢？

首先就是导航设置应该扁平化。网站可以设置首页—频道页—内容页，以便用户不用多次点击寻找内容。

其次就是导航目录要直观清晰，便于用户在观看导航时了解网站的架构，知道该如何寻找信息。导航在设置时应该注意使用锚文字，这样加载速度快，也便于搜索引擎抓取。关键字上要分类清晰，不要出现包含与被包含的关系，同时不能简单地堆砌。在排名上要遵循权重从左到右从上到下的顺序，这和用户的浏览习惯相适应。以上这些不管是在主导航还是面包屑导航都应如此，如图 10-16 所示。

图 10-16　小米官方网站导航设置

图 10-16 是小米官方网站的导航设置，给人的第一感觉就是简洁明快、栏目清晰。小米是

做手机起家，因而手机在导航栏的位置排在最左边、最上边。接着就是电视、手机配套设备、周边等其他衍生产品。

鼠标指向侧导航栏会自动显示手机信息，最新推出的小米手机5排名最靠前，然后从上到下、从左到右依次排开其他系列的小米手机。导航设置十分扁平化，可以说是一步到位。进入官网，点击手机，再点击意向产品，查阅手机的参数报价等消息，可以说十分的便捷。

在网站用户体验优化中，清晰的导航是核心。网站的用户体验不仅体现在整体的页面设计布局，还体现在具体的小细节。有着清晰的导航用户只需通过鼠标点击即可，而用户体验就通过这一次次的点击建立，所以站长要重视。

10.3.4　通过优化登录方式增加会员

网站提升用户体验可以增强用户黏性，最终留存用户，形成自己的固定用户群，进而实现盈利。而固定用户群的形成需要通过促进用户建立网站会员，并不断地扩大会员来实现。因而，增加网站会员成为站长不可或缺的重要一步。

当用户在对网站进行一系列的判断并感觉网站良好时，网站一般都可以邀请用户注册会员。而用户会选择注册会员是因为网站本身提供的内容较好，为了获得更多的内容需要注册会员。所以网站需要设置会员和非会员不同的服务模式，如非会员会限制下载量，会员不限制下载量。在一些社区网站，会员可以加入讨论，进行互动，但是非会员只能进行网页浏览，如天涯和知乎。还有的就是进行资源限制，如图10-17所示。

图10-17　视频网站会员与非会员电影资源权限

图 10-17 是某视频网站在电影分类中设置的会员与非会员之间在观看电影时的服务分类。网站会特别标出哪些电影是"VIP 专享"即会员专享，哪些是网站普通用户可以观看的。一般会

员专享的电影是影院刚刚下架或者受到观影者追捧的大热电影，视频网站也会添加经典老电影，不过会增加电影清晰度，通过此举来区分会员与非会员的服务。

那么在引导会员时应注意什么呢？注册流程的优化。现在大多网站在注册会员时十分简便，只需填写邮箱或者手机号码，设定密码，再填写收到的验证码即可。网站在邀请用户注册时会展示注册流程，会员注册流程一定要简洁，在注册期间与注册不相关的内容应安排在注册后完成，如完善个人信息，或者用户调查等。即使是完善个人信息，用户调查也应该设置为让用户通过鼠标选择，尽量不要设置输入性的内容。最后是提示网站是否注册成功，注册成功后可以直接跳转为会员页面，没有成功应说明原因。

不过随着网络社交属性的加深，互联网用户往往不只拥有一个会员账户。互联网用户的网上行为通常是以某种互联网产品为主，辅之以其他的互联网产品，因而用户会有一个比较固定的账户常年使用，最典型的就是腾讯 QQ 和新浪微博。以微博为例，用户可能会经常性地使用微博，那么在使用过后可能会上一些视频类网站看看电影或者综艺节目，或者参加一些网上社区活动。在这种情况下一些网站也开始提供其他的登录方式，即不需注册授权已有的账户登录即可，如图10-18 所示。

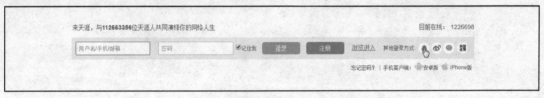

图 10-18　天涯社区网上登录方式

图 10-18 是天涯社区的网上登录方式，除了使用已有账户外，对于没有天涯账户的用户来说，可以通过腾讯 QQ、新浪微博、微信甚至用天涯客户端直接扫描二维码登录。以手机 QQ 为例，点击 QQ 后，使用手机 QQ 扫描二维码快速登录或者输入账号密码授权登录即可，如图10-19 所示。

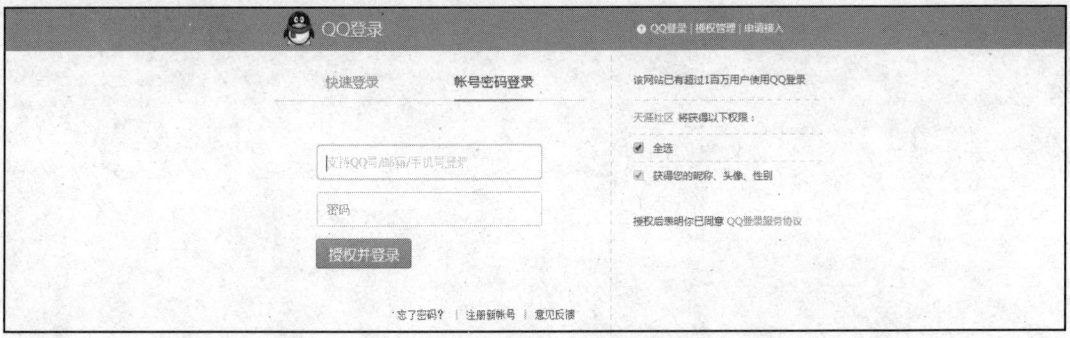

图 10-19　通过 QQ 登录天涯社区

综上所述，便是网站用户体验优化的主要内容。不过网站的用户体验优化不是只包括这几个方面，网站内容、网站链接、主题等也是需要进行优化的。随着互联网的发展，单纯的网站 SEO 已经不能满足网站的优化了，因为 SEO 可以说已经成为网站站长的一项基础性工作，是网站站长必需的技能。那么在此基础上提高网站的用户体验就成为网站优化的重要内容，这是网站站长今后要注意的方向。

实战演练

　　作为公司新招聘的员工，小李由于专业背景被公司的网站站长分配以工作，主要任务是利用各项工具实时统计公司网站的各项数据，每天对数据进行整理。同时站长还希望小李将每个月的网站数据整理汇总，以便公司在对网站进行优化时有数据上的参考。

　　那么作为过来人，请你根据本章的内容为小李讲解一下：网站的数据都有哪些，在收集网站数据时哪些数据是需要重点关注的，哪些数据是在进行网站优化时要参考的，这些数据如何进行分析，数据可以反映哪些问题。

11 第11章

移动端的 SEO

本章简介

近些年，伴随着华为、小米等国产智能手机的发展，加之三星和苹果在国内的不断深耕，智能手机的普及度越来越广；手机成为大众获得信息、进行交流的重要工具。公众对手机的依赖度也不断提升，从而使移动终端开始超越 PC 端成为公众上网的首选。

随着移动互联网的发展，各种类型的 APP 也层出不穷，社会公众通过苹果的 APP Store 或者安卓市场及小米等手机厂商的自家商店下载众多的应用软件。那么在类型纷繁复杂且同种类型的应用同质化现象严重的情况下，如何让自己的应用程序脱颖而出、如何提高用户在移动网页的用户体验，成为当前移动端 SEO 面临的问题。

在本章中，我们将会通过对移动端网页及移动 APP 这两方面的优化讲解让读者对这两方面有个清晰的认识，为读者提供一个方向及思路。

学习目标

1. 了解当前移动端 SEO 的发展情况；
2. 熟悉 PC 端网页与移动端网页的优化区别及移动网页的优化方式；
3. 了解移动 APP 的优化方法。

11.1 移动端 SEO 的发展趋势

中国互联网信息中心 2016 年发布中国手机网民调查报告，如图 11-1 所示。报告显示，截至 2015 年 12 月中国手机网民数量约 6.2 亿，占全体网民的比例达到 90.1%，较 2014 年提高了 4.3%。网民数量的增加，手机网民比重的提高使得移动端 SEO 的需求也持续增强。可以预见，移动 SEO 将不可或缺。

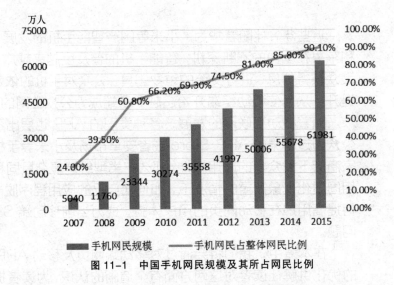

图 11-1 中国手机网民规模及其所占网民比例

移动端的发展使得移动搜索的用户数量在不断地增加。根据比达咨询（BigData-Research）发布的《2015 年上半年中国移动搜索市场研究报告》（以下简称《研究报告》），截至 2015 年上半年，在人数达 5.8 亿的手机网民中，移动搜索用户的数量为 4.7 亿，占移动网民总数量的 81%，仅次于移动社交应用而排名第二。这是一个巨大的数字，由此可以看出移动网页的 SEO 前景也是非常乐观、潜力巨大的。

在这一巨大的市场中各大搜索公司也在积极地抢占移动搜索市场的先机，积极拓展自己在各市场的用户渗透率。其中百度遥遥领先，其他的诸如搜狗、神马、360 搜索等也是奋起直追。

比达咨询（BigData-Research）的《研究报告》显示在 2015 年 1 月至 2015 年 6 月各移动搜索公司活跃用户渗透率百度以 80.5% 的比率拔得头筹，而神马搜索和搜狗搜索分别以 27.8%、26.6% 的比率紧随其后。可以理解，百度是国内最早开始做搜索引擎的公司，在 PC 端百度的搜索就已经遥遥领先于其他搜索公司，以这些年的资源和技术积累，加之广大用户的搜索习惯，当提到搜索引擎，网民想到的第一个就是百度。因而在移动搜索应用中百度也是以巨大的优势领先于其他搜索引擎公司，如图 11-2 所示。

而在另一项数据中，移动搜索用户的渗透率百度也是领先于其他的搜索应用公司。如图 11-3 所示，中国互联网信息中心截至 2014 年 7 月发布的《中国网民搜索行为统计调查》手机端综合搜索引擎品牌渗透率显示百度也是以95.8%的比率领先，腾讯搜索/搜狗则是以36.8%的比率占据着第二的位置，其后紧跟的是谷歌搜索、网易有道搜索、360搜索。

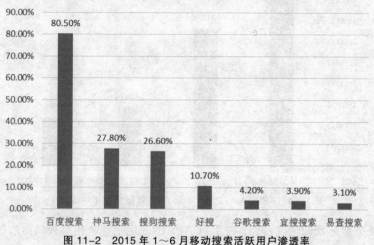

图 11-2　2015 年 1～6 月移动搜索活跃用户渗透率

图 11-3　手机端综合搜索引擎品牌渗透率

　　智能手机的发展不仅带动了移动端网页的发展，还促进了各项移动应用 APP 的繁荣。2016年 1 月 16 日，ASO100 数据分析平台发布了 APP Store 2015 年度数据盘点（中国区）报告。图 11-4 中从左至右是 2015 年一年的统计数据，这些数据依次分别是：新增 APP 的数量为475572 个、应用款 APP 为 331898 个、游戏款为 143674 个、平均每月审核通过的 APP 数量为 116545 个。其中 2015 年 10 月审核通过了 130855 款 APP，为年度最高。在收入上 APP Store去年一年达到了 200 亿美元，创下历史新高。最快的开发者 Jiabao Feng 去年一年成功上传1280 款 APP，更新最快的则是 Squarely，在一年时间里更新 31 次；而参与开发 APP 的人数为 167862 位。

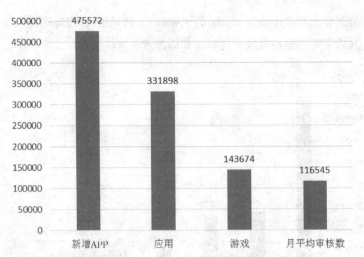

图 11-4　APP Store 2015 年度 APP 数据盘点（中国区）

从图 11-4 的数据我们可以看到，在手机 APP 的应用上竞争也是极其激烈的。但另一方面移动 APP 也面临着三大问题：①入行门槛低，推广费用高，盈利模式不清；②用户体验差，付费 APP 性价比不高；③产品生命周期短，工程开发量大，同质化严重。面对如此复杂的情况，移动 APP 的 SEO 优化也就显得十分必要。因而，加强对移动应用 APP 的 SEO 优化是当前的一个重要课题。

综上所述，移动端 SEO 的优化主要从两方面展开，一个是移动网页的 SEO，一个是移动 APP 的 SEO。两者当前市场广大，发展前景良好，但是发展情况并不完善，所以在移动端的 SEO 还有很长路要走。

11.2　移动网站的 SEO

不同于 PC 端的网页设计、浏览方式及点击方式，手机因为其设计形式及操作方式而有着自身的特点。在更加强调用户体验的移动端，是否可以给用户提供一个良好的浏览和使用网站的体验是影响搜索引擎排名的重要因素。一个良好的用户体验，不仅可以给用户留下良好的印象，拓展用户人群，还可以培养用户的习惯，增强用户黏性，留住用户，这样就可以在庞大的市场占得一席之地。那么，要想提供一个良好的用户体验就需要针对移动端网站进行 SEO。

11.2.1　移动端网页优化和 PC 端网页优化的区别

网站的移动化最明显的特征是网站网页与移动设备的相适应，即网站访客在通过移动设备访问网站时也可以实现通过 PC 端访问网站时所得到的信息和内容。移动设备的便携性使得其在大小上不能同 PC 相比，尤其是在展示网站页面时两者的差异很大，所以在网页设计时就应该有一定的准则加以指导。

互联网的移动化更加讲求用户体验，在讲用户体验时我们讲到，应该有可用性、易用性、友好度和视觉这四大理念。这四大理念通过用户对网站网页的浏览进行评判，所以网页的优化对网站移动化的用户体验有着很大的影响。

在这里，我们将会就移动端网页的优化和 PC 端网页的优化进行一个讲解。对移动端网页和 PC 端网页的优化我们将会从栅格模式、功能减去、修饰减去、流式布局这 4 个方面展开，如图 11-5 所示。

图 11-5　移动网站页面优化的要求

那么首先在栅格模式中，PC 端的设计和移动网页的设计是不同的。图 11-6 中展示了 PC 端、iPad 和手机三者的栅格模式。

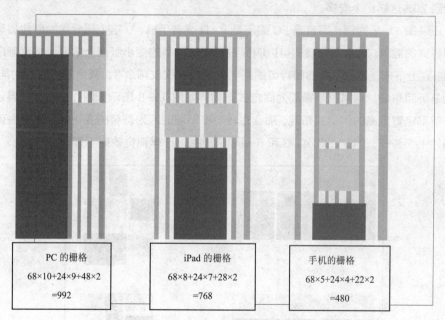

图 11-6　3 种不同页面的栅格模式

从图中我们可以看出手机的栅格数在 5 栏，4 格再加上 2 个边距，像素在 480。这样设计出来的页面相对来说更符合移动网页的页面显示效果，用户的观感会更好。

接着就是功能减去。在图 11-7 中，因为随着屏幕的不断减小，在页面中展现的功能就会相应地减少，浏览页面的方式就由 PC 端一个大致的 S 型转变为手机端从上往下的浏览方式，而消失掉的 6、7 这两个功能则会在手机端的 4 中设置链接，跳转到另一个页面。这样可以优先展示重要的内容，吸引用户，提高浏览感受。

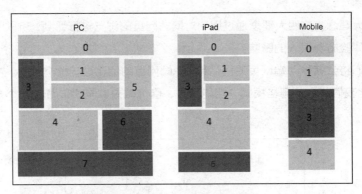

图 11-7　3 种不同的页面布局模式

　　面对小屏幕，在功能减少的情况下，修饰较少也就是必不可少的要求。在 PC 端中可以显示的大部分加强视觉效果的设计，在移动端因为屏幕小是要去掉的。

　　一般情况下 PC 端的设计除了要满足功能的要求外，还要考虑版面的设计，通过对图片和文字的版面布局来加强用户的观感。其版面的功能和视图安排一般各占 50% 左右。但是在手机等移动端，屏幕变小的情况下，功能和视图的安排就不再是各占 50%，而是要变成功能占到 80%，视图只占到 20% 这样一个安排。

　　下面还以图 11-7 为例，不管是 PC 端还是 PAD 或者手机，0 这个部分均为面包屑导航，满足对不同咨询的需求。其余部分我们可以明显看到随着屏幕的变小版面上的设计浏览顺序也由近 S 形变成垂直上下形，3、5、7 的图片可能到手机端也就仅仅剩余 3，其余的均变为功能。

　　最后是页面布局。通常页面布局为固定式布局，如图 11-8 所示。图 11-8 上方展示的是一种根据分辨率定宽定高的固定式布局，那么在转向移动端时因为屏幕的变化就会出现右面展示的情况。虽然上面整齐，但是 1 和 4、3 和 6 出现了镂空，这样视觉效果不好。

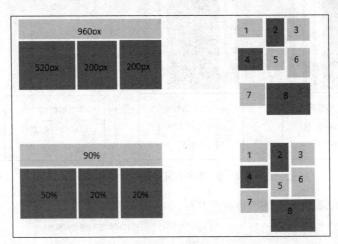

图 11-8　两种页面布局的比较

　　转为流式布局后，即图 11-8 下方显示的样式，它会根据屏幕的大小自动调整布局结构，因为它是以百分比进行设置的，非常灵活。当出现空余的部分会自动填充，就像图 11-8 右下方展示的一样，4 板块会自动填充 1 板块下面空余的部分，这样就使得布局更加紧凑，浏览效果也较好。

以上就是网页优化的方向，在这里针对提到的四个方面做了一些简单的介绍。那么下节我们将会比较详细地给大家介绍移动网站的 SEO。

11.2.2　如何做好移动网站的 SEO

作为全球最大的中文移动搜索引擎，百度移动搜索每天导向互联网的流量高达十亿级别。作为中文移动搜索的排头兵，百度的发展方向可以说代表了移动搜索引擎的发展方向。所以根据百度的数据，我们有理由相信网站的移动化是势在必行的，相对应的移动网站的 SEO 也就会提上日程。

在本节当中我们将会以百度的移动搜索引擎为基础，从技术选型、前期准备、良好收录、良好排序、良好展现这 5 个方面（见图 11-9）系统地向读者介绍移动的优化方案，为读者在移动网站的优化这一需求提供方向。

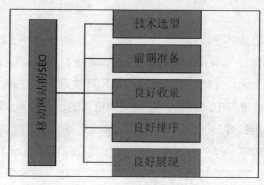

图 11-9　移动网站的 SEO

1. 移动网站的优化

首先就是要准备技术选择，就像盖房子先打地基一样。关于技术上的选择目前主要的适配方式分为三种：跳转适配、代转适配和自适应。

跳转适配就是利用单独的网址向每种不同的设备提供不同的代码，这种配置会尝试着监测用户使用的设备或者浏览器标识，然后使用 HTTP 重定向或者 Vary HTTP 标头重定向到相应的页面。

代码适配则是使用相同的网址，根据检测到的用户浏览器标识，针对不同类型的设备生成不同类型的 HTML。自适应顾名思义就是提供相同的网址和 HTML，但是会根据用户使用设备的屏幕大小自动调节以达到适应设备屏幕。表 11-1 显示了三者之间的异同。

表 11-1　跳转适配、代码适配和自适应的异同

	PC、移动网址是否一致	PC、移动网页代码是否一致
跳转适配	否	否
代码适配	是	否
自适应	是	是

对于需要进行移动网站优化的站长来说，这三种适配方式各有什么优劣、选择哪种，就需要站长根据自身网站的情况来定了。具体这里就不赘述了。那么针对这三者本书主要探讨优化的方法。

关于跳转适配，百度给出了自己的优化方法。因为每个版本都有相对应的不同的网址用来提供针对移动设备进行优化的内容，所以百度的建议是使用注释。

① 在 PC 版网页上，添加指向对应移动版网址的特殊链接 rel="alternate" 标记，这样有助于发现网站移动版网页所在的位置。

② 在移动版网页上，添加指向对应 PC 版网址的特殊链接 rel="canonical" 标记。

例如，假如 PC 版的网址是 http://www.dushu.com/page-1，相对应的移动版网址是 http://m.dushu.com/page-1。那么例子中的注释 PC 版的就应该在页面上添加<link rel="alternate" media="only screen and（max-width: 640px）" href="http://m.example.com/page-1">。

同样的道理，和移动版本相对应的 PC 版，在移动版本页面上的注释则为：<link rel="canonical" href="http://www.example.com/page-1">。

不过针对跳转适配的优化，百度和搜狗也建议使用开放适配的方式，也就是站长通过移动适配工具提交 pattern 级别或者 URL 级别的 PC 页与手机页的对应关系。通过校验后，有助于移动搜索将移动用户直接送入手机页。

代码适配因为网页代码不一样，所以在进行优化时应该添加 Vary HTTP 标头，这样可以提醒搜索引擎页面发生变化，需要用其他的浏览器标识重新抓取。在这里，Vary HTTP 有两个非常重要实用的作用。

① 它会向 ISP 和其他位置使用的缓存服务器表明：在决定是否通过缓存来提供网页时它们应考虑用户代理。如果没有使用 Vary HTTP 标头，缓存可能会错误地向移动设备用户提供 PC 版 HTML 网页的缓存（反之亦然）。

② 它有助于 spider 更快速地发现针对移动设备进行优化的内容，这是因为百度在抓取针对移动内容进行过优化的网址时，会将有效的 Vary HTTP 标头作为抓取信号之一，会提高用其他 UA 抓取此网页的优先级，如图 11-10 所示。

```
GET  /page-1 HTTP/1.1
Host: www.example.com
(...rest of HTTP request headers...)


HTTP/1.1 200 OK
Content-Type: text/html
```

图 11-10 代码适配的优化

还要注意的是，在PC响应的head中添加<meta name="applicable-device" content="pc">；

在移动响应的 head 中添加<meta name="applicable-device" content="mobile">。

最后关于自适应，优化的方式是在 head 中加条件代码并使用<picture>元素处理自适应图片：<meta name="viewport" content="width=device-width, initial-scale=1.0">；同时还应该在 head 中标识：<meta name="applicable-device"content="pc,mobile">，这表示页面同时适合在移动设备和 PC 上进行浏览。

2．在技术选型后

做好技术选型后接着要做的就是前期准备，这里主要有 3 点。

① 域名的选择。用户对网站的第一印象就是域名，一个良好的域名不仅应该简单明了一目了然，以便较为方便地记忆；还应该方便向别人推荐，这样有利于扩大用户人群。因而网页的域名应该越短越好，在方便记忆的同时便于操作。

例如搜狗搜索的移动端网页：m.sougou.com；新浪网移动端网页则更为简洁：sina.cn。字符 7 个。

② 服务器的选择。应选择正规空间服务商，避免同大量的垃圾网站共用 IP，提高上网的速度与稳定性，这里不用再向大家说明。

③ 使用 HTML5 作为网站的建站语言。在 2013 年全球已经有 10 亿部手机的浏览器支持 HTML5，而在未来 3~7 年 HTML5 将会成为主流。这也源自于 HTML5 本身有着多设备跨平台、自适应网站设计和即时更新的优点。所以在优化时建议使用 HTML5，同时应该准备好根据不同终端机型做自动适配。

3．良好的收录

良好的收录是获得流量的基础。关于良好的收录，主要有以下几个优化的方式。

（1）机器可读

作为全球最大的移动中文搜索引擎，百度移动搜索当前主要是依靠 baiduspider2.0 的程序抓取移动互联网的网页，然后经过处理再输入移动索引中。当前百度 spider 只能读懂文本内容，对于 Flash 或者图片不能进行良好的处理，所以希望通过百度搜索提高网站流量的站长要注意这一点，重要的内容或者链接要以文本的形式显示。

（2）结构扁平

扁平化的设计有着层次浅、结构清晰的特点，对于用户可以快速地了解网站的内容，找到有用的信息；同时，也有利于搜索引擎快速地理解网站的结构层次。一般网站的结构设计为树形结构：首页—频道页—详情页。如图 11-11 所示，在读书这一频道页面，可以快速返回首页，也可以进入详情页面。

（3）网状的链接

扁平的结构下是网状的链接形式。每个页面都应该有上级和下级的链接，还要有相关联内容的链接；每个网页都要是整个网站结构的一部分，都可以通过其他网页链接找到。这样不会形成链接孤岛，可以使搜索引擎快速有效地抓取信息。

图 11-11　新浪网页结构展示

（4）简单的 URL

简短、规范的 URL 方便用户记忆，也方便搜索引擎抓取和判断网页内容，正如在上文中介绍的搜狗和新浪的移动版网址。还值得站长注意的是频道页和详情页也是同样的要求，这两类的 URL 也应简短。不过对于一些私密的数据可以设置权限，以免被搜索引擎抓取。

（5）涵盖主旨的锚文本

在前面几章中，我们在讲网站的优化时提到通过锚文本对网站进行优化。同样的道理，移动网站的搜索优化在某种程度上同 PC 端网站的优化是有着相似性的。所以在进行移动网站的优化时可以借鉴 PC 端网站的锚文本优化，主旨清晰、内容简洁可以提高排名，增加权重，提升用户体验。

（6）设置合理的返回码

如果网站临时性关闭应该使用 503 而不是 404，这样搜索引擎会认为临时不可访问，短时间内还会抓取。如果说是更改域名或者网络改版则应设置为 301 永久性重定向，这样不会降低网站收录。

4．网站的排序优化

实现良好的收录后就是网站的排序优化问题了。和 PC 端网站的排序一样，移动端网站的排序也是受到几个因素的影响，同时移动端网站的排序还有自身的一些优化要求。

整体上，移动搜索的结果是由 PC 的搜索结果加上移动端一些特点进一步调整而来的。百度的搜索引擎会优先对移动页面进行排序，所以没有移动页面的网站首要任务就是进行网站的移动化，移动化后就是针对网站优化内容了。

（1）主旨明确的标题

网页的标题告诉用户和搜索引擎本网页的主题是什么，而搜索引擎对页面权重的判断主要也是来自于网页的标题，所以对于网页的标题主要有以下几个要求。首先是内容明确，涵盖页面主题；其次是不罗列关键词，方便用户快速捕捉有用信息，字数不要超过 17 个；再次是重要内容放置在页面左方，保持语义通顺；最后是使用用户常用的或者熟悉的字词。

（2）持续不断的优质原创内容

网站得以吸引、留住用户的最重要原因是可以长时间地提供给用户优质的原创内容。不定时地更新原创内容或者对原有的优质内容进行系列整合对提升网站排名很有帮助。

（3）标注地理信息

百度在对用户搜索行为进行统计后发现，大量用户对于具有本地特征的搜索结果更具有倾向性。因而当站长对位置信息进行标注后，搜索引擎会根据用户的地理位置优先将那些与用户位置接近的搜索结果展现出来，方便用户使用本地信息和服务。

（4）快的加载速度

移动互联网用户浏览网页的行为绝大部分发生在路上，因而用户在浏览网页时不会长时间停留在加载页面。根据统计发现，当一个页面的加载时间超过 4～5 秒后用户就会关掉页面，寻找新的页面。因此站长也要对移动网站的加载时间进行优化，以提升速度。

5. 良好的展示

在做好上面几步后，就是网站的展示。没有好的展示，即使搜索引擎将页面展现出来，在面对众多展现出来的网站链接中，用户也不一定会青睐于你。移动设备的小屏幕使得网站不能提供较多的内容，标题就成为抓住用户的第一要点。主题明确，有吸引力的标题可以促使用户点击。关于标题的优化应该做到主题明确、简明扼要，能展现品牌词，同时在与主题相符的情况下要吸引眼球。

良好的展示重点就是网站页面。页面是评判网站用户体验的重要载体，而用户体验是网站能否留住访客的重要依据，网站的页面涉及的用户体验主要有浏览体验，资源和功能的易用性等。

页面浏览体验主要和网站页面的结构有着直接的联系。结构差，页面浏览体验无从谈起；结构好，浏览体验相对就高。那么如何提高用户的浏览体验呢？主要有两个要求：一是页面主题中的文本颜色应与背景色有明显的差异；二是页面主体中的文本内容应段落分明、排版精良。具体如图 11-12 所示。

对于页面的第一印象，左半部背景色与主题颜色相近，其中的文章不利于阅读。排版不清晰，段与段的区别不明显，信息整合度不高。而右半部一目了然，文章结构也清晰。

手机屏幕小，所以一次性展示的内容不多，需要通过链接的功能，不断地跳转页面，实现信息和内容的最大化，因而链接功能众多。有些移动网站就在链接这部分大大地影响了用户的浏览体验，如图 11-13 所示。

图 11-13 中所展示的链接设置是众多移动网站的通病，即链接文字小，各链接间距也小，十分不利于点击。针对这种情况，百度用户体验部对移动网页的设置提出了如下要求。

① 主体内容含文本段落时，正文字号推荐 14px，行间距推荐（0.42～0.6）*字号；正文字号不小于 10px，行间距不小于 0.2*字号。

② 主体内容含多图时，除图片质量外，应设置图片宽度一致位置统一。

③ 主体内容含多个文字链时，文字链字号推荐 14px 或 16px：字号为 14px 时，纵向间距推荐 13px；字号为 16px 时，纵向间距推荐 14px；文字链整体可点区域不小于 40px。

④ 主体内容中的其他可点区域，宽度和高度应大于 40px。

⑤ 需注意交互一致性，同一页面不应使用相同手势完成不同功能。

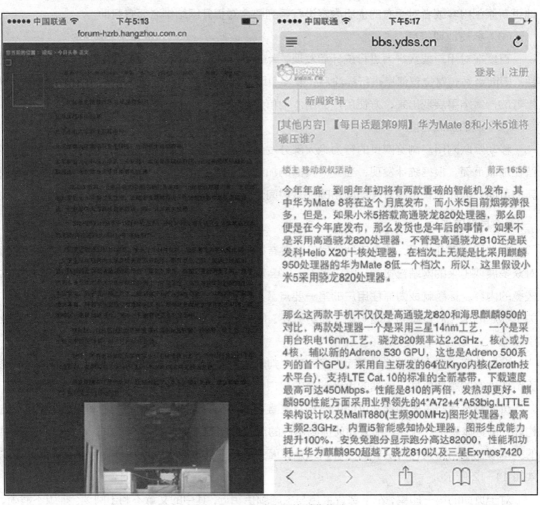

图 11-12　移动网页的浏览体验

关于网站的网站资源易用性，百度用户体验部也给出了一些要求。

按照页面主体内容载体的不同，资源易用性的标准也会有较大的不同。

① 首页或索引页：页面提供的导航链接应清晰可点，页面推荐的内容应清晰有效。

② 文本页面：页面提供的内容应清晰完整，有精良的排版。文本页面包括文章页、问答页、论坛页等。

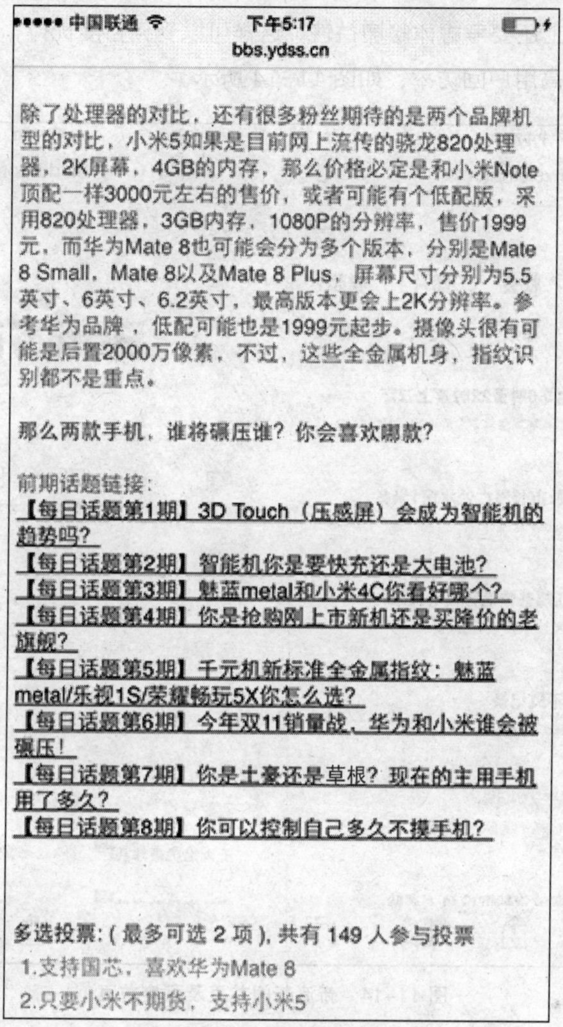

图 11-13　某移动网站链接

③ Flash：Flash 是移动设备上不常用的资源形式，应避免使用。

④ 音/视频页：音/视频应能够直接播放，且资源清晰优质；百度严厉打击欺诈性下载播放器的行为。

⑤ APP 下载：APP 应提供直接下载，且下载的为最佳版本；百度严厉打击欺诈性下载手机助手和应用市场的行为。

⑥ 文档页：应提供可直接阅读的文档，且文档阅读体验好；请注意，将文档资源转化为图片资源的方式，不仅影响用户体验，对搜索引擎也不友好，应避免。

⑦ 服务页&功能页：提供的服务或功能应易用好用，下一部分详细说明。

除了资源易用性，在功能上百度用户体验部给的要求如下。

① 商品页：页面应提供完整的商品信息和有效的购买路径。

② 搜索结果页：页面罗列出的搜索结果应与搜索词密切相关。

③ 表单页：页面应提供完整有效的功能。表单页主要指注册页、登录页、信息提交页等。

此外，在网站建设上还要考虑体验增益性，这样可以受到百度优待，同时还可以改善用户体验，增强用户黏性，提高用户回访率，如图 11-14 所示。

图 11-14　新浪新闻首页及百度首页

新浪提供有面包屑导航，当用户浏览完该页时，便于用户返回上一页或者首页。百度提供有图片或者语音检索，不方便打字时可以用语音，当需要查找图片类的信息时可以用图片检索。这两者都有助于增强网站的增益性。

在增益体验上百度给出的意见如下。

① 提供访问路径上的增益，例如页面提供有效的导航或面包屑（My post），能够去往上一级或下一级页面。

② 生活服务类网站，提供效率上的增益，例如电话可拨打、地址可定位。

③ 查询类网站，提供输入方式上的增益，例如支持语音输入、图像输入、扫码功能等。

④ 阅读类网站，提供体验增益，例如夜间模式等。

以上便是移动网站 SEO 的主要内容了。移动网站的优化同 PC 端网站的优化有相似之处，但是移动网站的优化也有自身的特点。这是一项系统性的工作，随着移动互联网的进一步发展，移动端的 SEO 也将会跟着进一步深入，这里就不多做叙述。在接下来的一节中，我们将会对移动 APP 的优化做一些介绍。

11.3　移动 APP 的 SEO

在本章开头介绍移动端 SEO 发展趋势时，我们也介绍了苹果移动 APP 的发展情况。我们从一些数据发布平台了解到信息显示移动 APP 发展势头十分强劲，竞争也相当激烈。苹果应用市场平均每天新增移动 APP 约 1303 款。要实现移动 APP 的 SEO，提高应用 APP 的搜索量、下载量、转换率就显得十分有必要。

移动 APP 的 SEO，在应用市场叫作 ASO。ASO（App Store Optimization）就是应用商店搜索优化，是旨在提升移动 APP 在各电子市场排行榜和搜索结果排名的一个过程。其主要流程如图 11-15 所示。

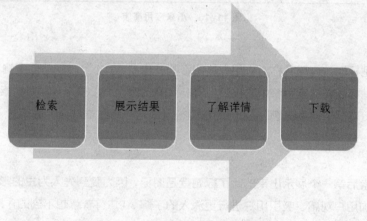

图 11-15　移动 APP 的转化流程图

它通过优化一些影响 APP 搜索和排名的因素实现移动 APP 排名上升，下载量增加等目标。那么在本节当中，我们主要从影响应用排名的因素和针对这些因素如何进行优化这两方面来讲解。

11.3.1　影响 APP 优化的因素

根据调查，众多的移动 APP 用户会前往应用商店去检索下载自己需要的应用程序。当前的应用市场主要有以下几种，安卓市场有百度、360 手机助手、应用宝、豌豆荚及各个手机厂商，比如小米市场；苹果的话就是 APP Store。图 11-16 所示是小米应用商店的 PC 版页面。

在各个不同的应用市场，大致会有一些类似的做法，除了会提供检索，方便用户自己寻找想要下载的应用外，还会提供诸如精品推荐、新锐榜、风云榜等一些榜单。而这些榜单发布所依据的标准就是我们要讨论的影响 APP 排名的重要因素。

关于 APP 优化的要素大致有 9 个，也有的会显示 10 个，区别在于将标题和副标题合并。这里我们取 9 个。

图 11-16　小米应用商店

（1）标题

这里包含副标题。应用名称对应用程序的影响就像"Tittle"对网站的影响。在网站的优化中我们讲到网站标题在搜索引擎中的权重占有极大的比例，所以应用标题对检索 APP 的影响也是不言而喻的。不同于网站标题，APP 的标题一旦确定，修改难度大，因而对于 APP，名称是重要因素。

（2）图标

用户在检索后第一个展示出来的除了标题就是图标，因为受到先入为主的影响，图标对增强第一印象、增加用户观感、吸引用户进行更深入的了解 APP 有着意想不到的作用。

（3）应用的描述

在吸引用户进入界面后用户主要是通过描述来对 APP 的各项功能及体验进行判断，同时对搜索结果点击率相关联，而搜索结果点击率也是影响 APP 排名的因素。

（4）应用的截图和视频

如果描述是帮助用户通过文字了解应用的功能，那么截图就是直观的展示应用。一方面截图可以体现自身设计理念，表现 APP 的风格，好的截图是加分项，可增加用户的认同、增强用户下载的欲望；另一方面截图的方式可以将文字难以表达清楚的事项清晰明了地展现出来，起到重要的补充作用。

（5）关键词

在网站的优化中我们讲到关键词的优化影响力正在减少，但是在 APP 的优化中关键词和标题有着不分伯仲的影响力，可以说是 ASO 优化的核心。用户在没有明确的 APP 下载目标时是通过关键词来索引的，而关键词所占用的字符是 100 个，这样的价值是其他因素无可比拟的，关键词设定得越多，关联性就越强，应用被检索到的可能性也就越大。图 11-17 所示是在小米应用商店中搜索"教育"出现的各类 APP。

图 11-17　小米应用商店

（6）用户评价

很多应用商店都提供了针对 APP 的用户评价。这点对 APP 的影响也是明显的，具体每一款 APP 的效果怎么样只有用过才知道，所以良好的用户评价对提升排名有好的作用。

（7）下载量或者说是应用安装量

有一些应用商店也比较看重这一点，质量好、受欢迎程度高，安装量相对也就会比较大。

（8）用户活跃量、活跃量比例及短期留存度

活跃量是查看经常使用应用的人数，会设定有一定的标准。在这些标准内，有多少人使用了应用，活跃量比例就是活跃人数比总下载量。短期留存度是指在规定的时间内下载用户未卸载应用。之所以会有这样一个标准是为了应对有些 APP 为提高下载量进行刷榜，以遏制刷榜的风气。

（9）社会化分享的数据

直白地说就是通过个人分享获取应用程序的信息。社交媒体的巨大影响力自不必说，愿意进行个人分享的应用都是经过长期地使用后有着良好的用户体验。通过社会化分享带来的用户黏性较强，活跃度和留存度较高。

以上就是影响移动 APP 优化的 9 个重要因素，这 9 个因素涉及了移动 APP 优化的各个方面，做好这 9 个方面的工作，对于移动 APP 的优化就基本完成了。

11.3.2　移动 APP 的优化

上一节中提到的 9 个影响优化的因素可区分为 3 种情况，分别是：文本类要素、数值类要素和其他要素。针对这三者的优化在本节中根据应用的转化流程逐一进行优化介绍。

在第三节开头我们讲到应用的优化转化流程，通过这个流程我们基本可以把优化的过程分为两部分，即搜索的优化和展现的优化，这两个方面基本上涵盖了上一小节谈到的 9 个方面。在实

现这两者优化的情况下提高应用的下载，增加用户就是比较容易的事了。

我们首先要做的就是搜索的优化。搜索优化的最终目的是提高应用的最终排名，毕竟良好的排名有助于提高应用的下载量。最终排名的结果来自于 2 个因素，一个是检索规则，另一个是排名规则，如图 11-18 所示。

图 11-18　最终排名的影响因素

检索规则就是根据什么样的词语可以搜索到应用，而排名规则则是根据一些标准进行排名，两者相加得出的就是最终排名。

那么影响检索排名的因素有哪些呢？在检索规则中是按照应用中的标题（副标题）、关键词这两个部分构成，这两者在检索中的权重是逐渐减小的，通过对这两者的匹配度及权重大小的衡量进行有效的检索显示。在这其中标题的权重最大，所以针对标题的优化就是重中之重。

因为标题是在应用设计之初就规定好的，同时应用的标题修改不容易，即使修改成功，也会造成新修改的应用不把原下载量及其他信息计入总量中，从而影响排名。所以对标题的优化在一开始就应该设计好，和本应用的主题相契合，利于对应人群搜索。例如汽车之家的标题，主题明确。

除了标题就是关键词的影响。关于关键词的优化要有匹配度、竞争度和热度这三个要求。匹配度要求和名称相关、目标人群相关、业务层面相关，要有竞品词和竞品关键词。以扇贝单词为例，其涉及的关键词有教育、学习、英语等，这和它的名称、目标人群——学生，以及涉及的业务——英语的学习都有关系。

竞争度就是在某一款应用中肯定有一个或几个关键词是这一款应用都会用到的。以新闻为例，今日头条、网易新闻、凤凰新闻这些客户端都会添加这一有竞争度的关键词。还应注意的就是在关键词中也会出现应用与应用之间的竞争，优化要做的就是提高本应用在该关键词中的排名。最后就是热度，自身的应用要和关键词有高关联度，再有就是在关键词的排名中靠前。下面还以新闻为例，如图 11-19 所示，今日头条和"新闻"这一关键词有着强联系性，同时在新闻榜的热度也很高，截至如图显示时间在苹果应用市场新闻榜的排名占据第一。

关于热词检索现在有很多的第三方可以帮助对热词进行查找，比较有名的热词工具有应用雷达、APP 营、APPDUU 等。在进行热词检索时要注意的一点是对热词在现阶段及未来一段时间的热度进行评估，避免使用一时出现的热词，影响应用以后的检索。

关于排名的规则，最初的算法是看下载量，高下载量就有高排名，但是刷榜出现后，针对这一现象有了新的调整。苹果的算法是有一个公式：

下载量×0.46+（新增激活启动人数/下载量）×10000=排名数

图 11-19　苹果应用市场新闻免费榜排名

　　其他的厂商也有各自的算法，在今后的算法中可能会考虑该应用的社会化分享，比如转发量，在知乎、微博、微信、贴吧等社区中的口碑、曝光度等都会影响到应用的排名。

　　搜索优化过后就是展示的优化。优化展示涉及的因素就比较多了，有图标的设计、应用的描述、应用的截图和视频，再有就是用户的评论。

　　正如在第一节提到的，图标是给用户的第一印象，在排行榜中用户接收到的第一个信息就是图标，清晰度高、设计精美、风格突出的图标总是能吸引用户深入了解。良好的图标设计也会让用户在潜意识里认为该应用有品质保障，所以良好的图标是展示阶段的重要影响因素。

　　应用的截图、视频和描述算是以图文立体的方式展现了应用的外在和内在。截图和视频除了可以给用户带来良好的视觉观感，也是直观地展现功能的重要途径。在截图中增强设计，体现自身应用的功能特点，是优化的重要方向。如果可以添加视频，那么对于增加用户的好感度就更有帮助了。

　　应用的描述是对应用功能的详细说明。在这里，耳目一新的排版是优化的第一要求。粗糙的排版会影响用户的阅读体验，造成用户对应用的不良印象，功能介绍上应简练明了。同时也可以按文案的方式撰写描述，营造与目标人群相适应的阅读氛围，增强用户的认同度。

　　最后就是用户的评论，这是要特别重视的部分。一个差评对应用的影响有时是致命的。在用户评论中有的应用会使用刷评，不过这也伴随有风险，所以可以通过可靠的第三方增加应用的好评。再有就是通过引导一些有一定使用年限的用户参与评论，通过给予用户一些小的奖励，靠这些有黏性的用户增加好评。

　　同网站的优化一样，移动 APP 的优化也是一项系统的工作。每个影响应用的因素都有相对应的优化方案，同时这些因素彼此也相互影响，如下载量影响着排名规则，排名规则也影响着下载量。处理好各个因素的轻重，增加用户人群，反过来也会提高应用的知名度，有利于应用扩大市场，彼此有个正相关的关系。

现在移动 APP 的优化还在一个发展阶段，市场还未完全成型，因而移动 APP 的优化还有很长的路要走。

实战演练

小张是一家汽车论坛网站的推广专员。该论坛涉及了汽车的方方面面，从前期的购买指导，售后服务的指导，日常汽车故障问题、保养的解答，到二手车交易，最前沿的汽车新闻资讯。由于常年认真的运作，在业内口碑良好。然而最近小张注意到，在对网站进行监测时发现一些用户在上网浏览资讯的时间主要集中在早晚下班和中午，根据这些信息小张推断用户可能开始通过手机浏览网页。于是提高移动端网页的流量成为小张的任务，加强移动网站的 SEO 成为小张的工作。

根据本章所讲的内容，你认为小张应该从哪些方面进行网站的 SEO？

在小张发现上述情况的同时看到火爆的移动应用 APP 市场，公司决定开始试水移动 APP。在调查后发现同类型的 APP 众多，但是表现良好的寥寥无几。在依托于 PC 端网站的基础之上，公司做出的有着自身特点的 APP 前景良好。同作为网站推广专员的小李被任命为 APP 推广的负责人，但是没有涉及过移动 APP 的搜索优化。

根据本章所讲解的内容，请你针对小李的情况提出优化 APP 的方案。